“双高计划”建设院校课改系列教材
国家示范性高等职业院校课改系列教材

深度学习与图像识别

Deep Learning and Image Recognition

主　编　胡建华　陈宗仁

副主编　韩天琪　郭建丁　杨忠明　魏晓艳

西安电子科技大学出版社

内 容 简 介

本书基于深度学习 Keras 框架，介绍了深度学习基本原理及计算机视觉图像处理的基础知识。本书内容由浅入深，语言通俗易懂，从基本原理、实践应用、基础案例、综合案例等层层递进，既适合完全没有基础的读者迅速上手入门，又能让有经验的读者深入了解深度学习与图像识别的核心技术。本书尽可能避开复杂的数学推理公式，以常见的实际应用项目为案例，让读者在循序渐进的学习中深刻体会 Keras 作为深度学习框架的魅力。

本书提供了大量编程实例及配套资源，包括源代码、软件、数据集等，并详细注明了案例代码路径。

本书既可作为高职院校人工智能专业的教材与参考书，也可作为图像识别爱好者及深度学习入门者的自学用书，还可供从事人工智能相关行业的工程师、科研工作者、岗位培训师等参考。

图书在版编目(CIP)数据

深度学习与图像识别 / 胡建华，陈宗仁主编. —西安：西安电子科技大学出版社，2022.3
(2024.7 重印)
ISBN 978-7-5606-6338-8

Ⅰ. ①深… Ⅱ. ①胡… ②陈 Ⅲ. ①机器学习 ②图像识别 Ⅳ. ①TP181 ②TP391.41

中国版本图书馆 CIP 数据核字(2022)第 002057 号

策　划　高　樱
责任编辑　高　樱
出版发行　西安电子科技大学出版社(西安市太白南路 2 号)
电　话　(029)88202421　88201467　　邮　编　710071
网　址　www.xduph.com　　电子邮箱　xdupfxb001@163.com
经　销　新华书店
印刷单位　咸阳华盛印务有限责任公司
版　次　2022 年 3 月第 1 版　2024 年 7 月第 3 次印刷
开　本　787 毫米×1092 毫米　1/16　印张 10.25
字　数　231 千字
定　价　29.00 元
ISBN 978-7-5606-6338-8
XDUP 6640001-3

序

在举世瞩目的十九大报告中，习近平总书记提出："加快建设制造强国，加快发展先进制造业，推动互联网、大数据、人工智能和实体经济深度融合……"自从2014年大数据首次写入政府工作报告，大数据就逐渐成为各级政府关注的热点。2015年9月，国务院印发了《促进大数据发展行动纲要》，系统部署了我国大数据发展工作，至此，大数据已成为国家级的发展战略。2017年1月，工信部编制印发了《大数据产业发展规划(2016—2020年)》。

为对接大数据国家发展战略，教育部批准于2017年开办高职大数据技术与应用专业，2017年全国共有64所职业院校获批开办该专业，2020年全国619所高职院校成功申报大数据技术与应用专业，大数据技术与应用专业已经成为高职院校最火爆的新增专业。

为培养经济社会发展所需的大数据人才，加强粤港澳大湾区区域内高职院校的协同育人和资源共享，2018年6月，在广东省人才研究会的支持下，由广州番禺职业技术学院牵头，联合深圳职业技术学院、广东轻工职业技术学院、广东科学技术职业学院、广州市大数据行业协会、佛山市大数据行业协会、香港大数据行业协会、广东职教桥数据科技有限公司、广东泰迪智能科技股份有限公司等200余家高职院校、协会和企业，成立了广东省大数据产教联盟。联盟先后开展了大数据产业发展、人才培养模式、课程体系构建、深化产教融合等主题的研讨活动。

课程体系是专业建设的顶层设计，教材开发是专业建设和三教改革的核心内容。为了贯彻党的十九大精神，普及和推广大数据技术，为高职院校人才培养做好服务，西安电子科技大学出版社在广泛调研的基础上，结合自身的出版优势，联合广东省大数据产教联盟策划了"高职高专大数据技术与应用专业系列教材"。

为此，广东省大数据产教联盟和西安电子科技大学出版社于2019年7月在广东职教桥数据科技有限公司召开了"广东高职大数据技术与应用专业课程体系构建与教材编写研讨会"。来自广州番禺职业技术学院、深圳职业技术学院、深圳信息职业技术学院、广东科学技术职业学院、广东轻工职业技术学院、中山职业技术学院、广东水利电力职业技术学院、佛山职业技术学院、广东职教桥数据科技有限公司、广东泰迪智能科技股份有限公司和西安电子科技大学出版社等单位的30余位校企专家参与了研讨。大家围绕大数据技术与应用专业人才培养定位、培养目标、专业基础(平台)课程、专业能力课程、专业拓展(选修)课程及教材编写方案进行了深入研讨，最后形成了如表1所示的高职高专大数据技术与应用专业课程体系。在课程体系中，为加强动手能力培养，从第三学期到第五学期，开设了3个共8周的项目实践；为形成专业特色，第五学期的课程，除4周的"大数据项目开发实践"外，其他都是专业拓展课程，各学校根据区域大数据产业发展需求、学生职业发展需要和学校办学条件，开设纵向延伸、横向拓宽及X证书的专业拓展选修课程。

表 1　高职高专大数据技术与应用专业课程体系

序号	课程名称	课程类型	建议课时
第一学期			
1	大数据技术导论	专业基础	54
2	Python 编程技术	专业基础	72
3	Excel 数据分析应用	专业基础	54
4	Web 前端开发技术	专业基础	90
第二学期			
5	计算机网络基础	专业基础	54
6	Linux 基础	专业基础	72
7	数据库技术与应用 (MySQL 版或 NoSQL 版)	专业基础	72
8	大数据数学基础——基于 Python	专业基础	90
9	Java 编程技术	专业基础	90
第三学期			
10	Hadoop 技术与应用	专业能力	72
11	数据采集与处理技术	专业能力	90
12	数据分析与应用——基于 Python	专业能力	72
13	数据可视化技术(ECharts 版或 D3 版)	专业能力	72
14	网络爬虫项目实践(2 周)	项目实训	56
第四学期			
15	Spark 技术与应用	专业能力	72
16	大数据存储技术——基于 HBase/Hive	专业能力	72
17	大数据平台架构(Ambari，Cloudera)	专业能力	72
18	机器学习技术	专业能力	72
19	数据分析项目实践(2 周)	项目实训	56
第五学期			
20	大数据项目开发实践(4 周)	项目实训	112
21	大数据平台运维(含大数据安全)	专业拓展(选修)	54
22	大数据行业应用案例分析	专业拓展(选修)	54
23	Power BI 数据分析	专业拓展(选修)	54
24	R 语言数据分析与挖掘	专业拓展(选修)	54
25	文本挖掘与语音识别技术——基于 Python	专业拓展(选修)	54
26	人脸与行为识别技术——基于 Python	专业拓展(选修)	54
27	无人系统技术(无人驾驶、无人机)	专业拓展(选修)	54
28	其他专业拓展课程	专业拓展(选修)	
29	X 证书课程	专业拓展(选修)	
第六学期			
30	毕业设计		
31	顶岗实习		

基于此课程体系，与会专家和老师研讨了大数据技术与应用专业相关课程的编写大纲，各主编教师就相关选题进行了写作思路汇报，大家相互讨论，梳理和确定了每一本教材的编写内容与计划，最终形成了该系列教材。

本系列教材由广东省部分高职院校联合大数据与人工智能企业共同策划出版，汇聚了校企多方资源及各位主编和专家的集体智慧。在本系列教材出版之际，特别感谢深圳职业技术学院数字创意与动画学院院长聂哲教授、深圳信息职业技术学院软件学院院长蔡铁教授、广东科学技术职业学院计算机工程技术学院(人工智能学院)院长曾文权教授、广东轻工职业技术学院信息技术学院院长秦文胜教授、中山职业技术学院信息工程学院院长史志强教授、顺德职业技术学院智能制造学院院长杨小东教授、佛山职业技术学院电子信息学院院长唐建生教授、广东水利电力职业技术学院计算机系系主任敖新宇教授，他们对本系列教材的出版给予了大力支持，安排学校的大数据专业带头人和骨干教师积极参与教材的开发工作；特别感谢广东省大数据产教联盟秘书长、广东职教桥数据科技有限公司董事长陈劲先生提供交流平台和多方支持；特别感谢广东泰迪智能科技股份有限公司董事长张良均先生为本系列教材提供技术支持和企业应用案例；特别感谢西安电子科技大学出版社副总编辑毛红兵女士为本系列教材提供出版支持；也要感谢广州番禺职业技术学院信息工程学院胡耀民博士、詹增荣博士、陈惠红老师、赖志飞博士等的积极参与。感谢所有为本系列教材出版付出辛勤劳动的各院校的老师、企业界的专家和出版社的编辑！

由于大数据技术发展迅速，教材中的欠妥之处在所难免，敬请专家和使用者批评指正，以便改正完善。

广州番禺职业技术学院
余明辉
2020 年 6 月

高职高专大数据技术与应用专业系列教材编委会

前　言

目前，人工智能技术已应用于很多行业，如图像识别、自动翻译、推理预测等。为了使读者迅速掌握深度学习与图像识别的基本知识，编者对人工智能常见技术进行深入研究后精心设计了本书内容，主要按照项目实战的方式进行编写，可使读者更容易掌握深度学习的基本原理。对于难度较大的项目，如人脸识别与目标检测方面的内容，则将其拆解成多个单任务，在内容上更加侧重人工智能算法的应用，重点培养读者实际应用深度学习算法的能力。

本书具有如下特点：

(1) 面向高职院校人工智能相关专业的基础课程。

本书的主要目标读者定位为高职院校人工智能相关专业的学生、图像识别爱好者、深度学习入门者，以及从事人工智能相关行业的工程师、科研工作者及不具备专业数学知识的人群。图像识别是一系列学科的集合体，它以机器学习、模式识别等知识为基础，因此依赖很多数学知识。本书采用初学者易于学习理解的主流深度学习 Keras 框架，尽量绕开复杂的数学证明和推导，由浅入深，逐步提高读者的理论能力和代码实践能力。

(2) 侧重图像识别与应用。

本书内容由浅入深，循序渐进，侧重计算机视觉领域，采用“入门学习+案例实战”的方式进行介绍。其中，入门学习(第 1～3 章)包括深度学习环境配置、常用工具包使用、深度学习基本原理等内容；案例实战(第 4～7 章)给出了 Keras“三好学生”训练与预测实战、Keras 手写字体图像识别实战、人脸识别项目实战和目标检测项目实战 4 个实战案例；同时，第 8 章通过开发一个实际生活中的人脸考勤系统融会贯通本书所有章节内容，做到了学以致用。

(3) 开源大量原创实战项目代码。

为了更加适合高职教学，本书基于开源深度学习项目进行开发和修改，降低教学难度。本书在编排上遵循“理论+实战”方式，并提供每一章的资源或代码 GitHub 仓库，下载地址为 https://gitee.com/bvngh3247i/deep-learning。

本书由广东科学技术职业学院胡建华、陈宗仁担任主编。第 1 章、第 3 章由西南民族大学郭建丁博士编写，第 2 章、第 6 章由陕西国防工业职业技术学院魏晓艳编写，第 4 章、第 5 章广东科学技术职业学院韩天琪编写，第 7 章由胡建华、陈宗仁、郭建丁共同编写，第 8 章由胡建华、陈宗仁共同编写。陈宗仁、杨忠明对本书的结构和知识点进行了核对与修正。全书由胡建华总体设计并统稿。

真诚感谢西安电子科技大学出版社的高樱老师，她对本书提出了很多中肯的修改建议。另外还要特别感谢参与教材修改的广东科学技术职业学院人工智能技术应用专业的詹月容、吴颖怡、张嘉诚、凌海升、吴文记等同学。

由于编者水平和时间有限，书中难免有疏漏和不妥之处，敬请各位专家及广大读者批评指正。

编　者

2021 年 10月

目　录

第 1 章　深度学习概述及环境配置

本章分为两部分：深度学习概述与深度学习环境配置。其中，深度学习概述简单介绍了深度学习的一些基本概念、意义、原理及其应用；深度学习环境配置主要介绍了深度学习环境安装与软件使用，包括 Anaconda、PyCharm 和 Jupyter Notebook。在深度学习环境配置中，主要使用 Anaconda 工具创建独立的 Python 环境，进行相应的深度学习工具包的安装，在独立的环境中使用 pip 命令进行深度学习相关软件的安装，并且成功调试一个 hello_world 入门程序。

本章技能指标：

(1) 了解人工智能、机器学习和深度学习的关系；
(2) 了解深度学习的意义；
(3) 掌握深度学习原理；
(4) 了解深度学习的应用；
(5) 掌握 Anaconda 与 PyCharm 软件的安装方法；
(6) 掌握使用 Anaconda 工具创建独立环境的方法；
(7) 掌握使用 pip 命令安装深度学习软件的方法；
(8) 掌握使用 Jupyter Notebook 软件配置 Anaconda 环境的方法。

1.1　深度学习概述

1.1.1　人工智能、机器学习和深度学习的关系

人工智能、机器学习和深度学习已经成为当前人工智能(Artificial Intelligence，AI)领域研究的重要内容，极大地促进了当前人工智能产业化。当提及人工智能时，人们自然会有这些疑问：人工智能、机器学习和深度学习是什么？它们之间又有什么关系？

如图 1-1 所示，机器学习是人工智能的一个子集，深度学习又是机器学习的一个子集。机器学习与深度学习都需要大量数据作为支撑，是大数据技术的一个应用；同时，深度学习还需要更高的运算能力作为支撑。

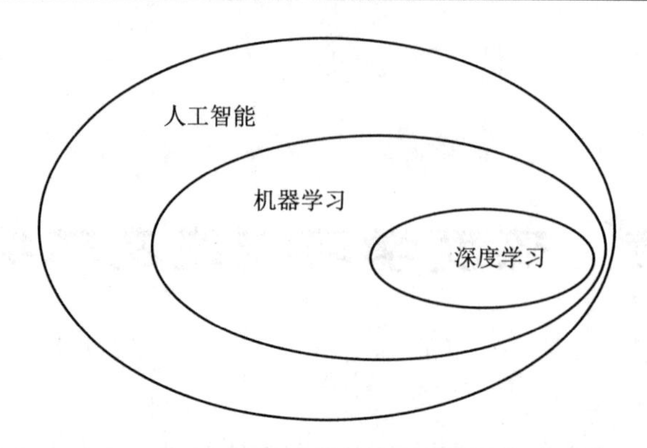

图 1-1 人工智能、机器学习和深度学习的关系

机器学习就是让机器从大量的数据集中学习，进而得到一个更加符合现实规律的模型，通过对模型的使用，使机器与之前相比表现得更好。深度学习是建立、模拟人脑进行分析学习的神经网络，并模仿人脑的机制解释数据的一种机器学习技术。它的基本特点是试图模仿大脑神经元之间传递处理信息的模式，最显著的应用是计算机视觉和自然语言处理(Natural Language Processing，NLP)领域。显然，深度学习与机器学习中的神经网络强相关，神经网络是其主要算法和手段，可以将深度学习称为改良版的神经网络算法。深度学习又分为卷积神经网络(Convolutional Neural Networks，CNN)、深度神经网络(Deep Neural Networks，DNN)等，其主要思想是模拟人的神经元，每个神经元接收信息，处理完成后传递给与之相邻的所有神经元。根据所用训练数据的不同，可以将学习方式分为两类：监督式学习与非监督式学习。

1.1.2 监督式学习与非监督式学习

监督式学习需要使用有输入和预期输出标记的数据集，使用该数据集进行监督式学习训练人工智能的算法时，需要提供一个输入参数，期望该算法得出一个预期的输出结果。如果人工智能算法产生的输出结果是错误的，其将重新调整自己的计算。该过程将在数据集上不断迭代完成，直到人工智能算法不再出错。监督式学习的一个例子是天气预报，即通过对历史数据进行学习预测天气。训练数据包含输入(过去天气的压力、湿度、风速)和输出(过去天气的温度)。监督式学习需要提供一个带有标记数据的计算机程序。例如，如果指定的任务是使用一种图像分类算法对男孩和女孩的图像进行分类，那么男孩的图像需要带有“男孩”标签，女孩的图像需要带有“女孩”标签。这些数据被认为是一个训练数据集，直到程序能够以可接受的速率成功地对图像进行分类，以上标签才会失去作用。之所以被称为监督式学习，是因为算法从训练数据集学习的过程就像是一位老师正在监督学生学习。在预先知道正确分类答案的情况下，算法对训练数据不断进行迭代预测，预测结果则由老师不断进行修正。当算法达到程序预期的性能水平时，学习过程才会停止。

非监督式学习是利用既不分类也不标记的信息进行机器学习，并允许算法在没有指导的情况下对这些信息进行操作。当使用非监督式学习训练人工智能时，可以让人工智能对数据进行逻辑分类。这里机器的任务是根据相似性、模式和差异性对未排序的信息进行分组，而不需要事先对数据进行处理。非监督式学习的一个例子是亚马逊等电子商务网站的行为预测 AI，该预测 AI 算法能将客户的行为数据进行自动分类，帮助亚马逊识别哪种用户最有可能购买不同的产品。再如，程序可以任意使用以下两种算法中的一种完成男孩和女孩的图像分类任务：一种是聚类算法，其根据头发长度、下巴大小、眼睛位置等特征将相似的对象分到同一个组；另一种是相关算法，其根据自己发现的相似性创建 if/then 规则，即相关算法确定了图像之间的公共模式，并相应地对它们进行分类。

1.1.3　深度学习的意义

很多年前机器学习强调寻找“特征”，但是随着数据的不断累积，现在有了另外一种选择，即构建一个足够复杂的可训练系统，让系统自身完成特征的学习过程。深度学习就可以完成上述过程，它简化了特征工程的难度，弥补了传统机器学习在建模方式上存在复杂度不足以拟合数据的问题。

传统机器学习算法受训练参数数量的限制，导致所能学到的特征有限，在一些情况下可能无法形成足够复杂的曲面，因此它十分依赖特征工程去增加复杂度；而深度学习可以形成足够复杂的曲面用于拟合特征，即深度神经网络具有强大的表达能力，但其需要以海量数据为基础，因此在数据量较少时使用深度学习很难得到理想的结果。

1.1.4　人脑视觉原理

1981 年，诺贝尔生理学或医学奖获得者 David Hubel 和 Torsten Wiesel 发现了视觉系统的信息处理机制，他们发现了一种“方向选择性细胞的神经元细胞”。如图 1-2 所示，当瞳孔发现了眼前物体边缘时，首先提取物体的像素矩阵，继而得到物体的边缘和局部特征，最终锁定目标图像。由此可知，人的视觉系统的信息处理是分级的，高层的特征是低层特征的组合，从低层到高层的特征表示越来越抽象，越来越能表现语义或者意图，抽象层面越高，越有利于分类。

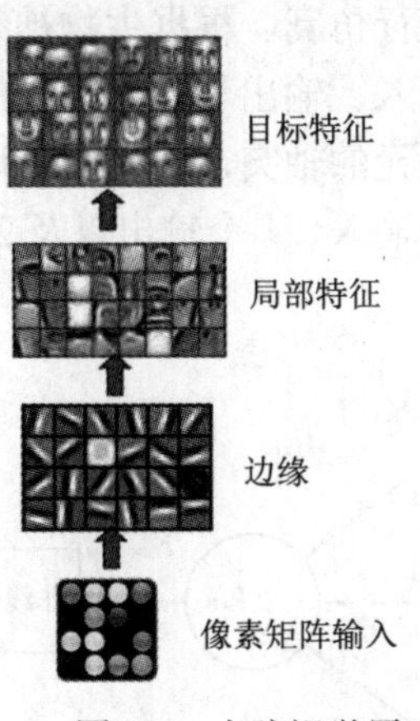

图 1-2　人脑视觉原理

1.1.5　深度学习原理

深度学习原理可以通过“三好学生”的例子来阐述。三好学生的“三好”指的是品德好、学习好、体育好，要进行不同标准的评选，就需要量化评价体系，如学校会根据德育分、智育分和体育分三项分数计算总分。三好学生判断系统就是根据输入的德育分、智育分和体育分，通过人工智能大脑推导该生是否是三好学生。下面通过神经元模型、单层神经网络(感知器)和多层神经网络(多层感知器)对三好学生判断系统进行阐述。

1. 神经元及神经元模型

人们对于神经元的研究由来已久，1904 年生物学家就已经知晓了神经元的组成结构，如图 1-3 所示。一个神经元通常具有多个树突，主要用来接收信息。轴突只有一条，轴突尾端有许多轴突末梢可以给其他多个神经元传递信息。轴突末梢与其他神经元的树突产生连接，从而传递信号。该连接位置在生物学上称为突触。在生物学中，神经网络的结构可大体表述为：上一个神经元的信号(输入信号)通过树突传递到邻近神经元的细胞体(神经元本体)中，细胞体把从其他多个神经元传递来的输入信号进行合并加工，然后通过突触传递给下一个神经元。神经元就是这样借助突触结构而形成了神经系统。

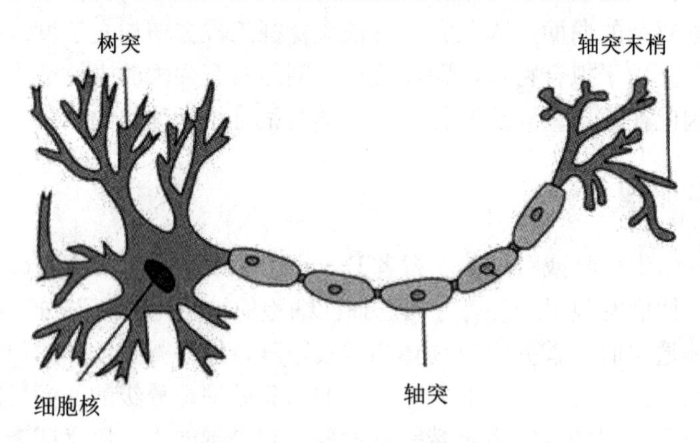

图 1-3　神经元的组成结构

为了对神经元的传导用计算机进行仿真，根据生物神经元的结构，用数学公式抽象神经元模型。神经元模型是一个包含输入、输出与计算功能的模型，其中输入可以类比为神经元的树突，而输出可以类比为神经元的轴突，计算则可以类比为细胞核。图 1-4 所示为一个典型的神经元模型，其包含 3 个输入、1 个输出以及 2 个计算功能。

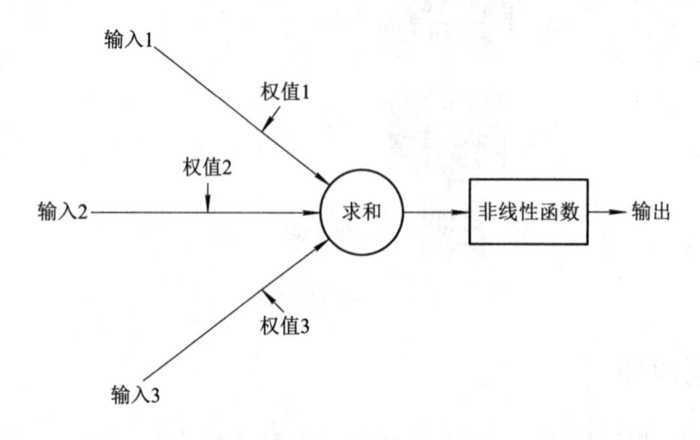

图 1-4　神经元模型

图 1-4 中，箭头线称为连接，每个连接上有一个权值(weight)。连接在神经元中非常重要。一个神经网络的训练算法就是调整权重的值到最佳，以使整个网络的预测效果最好。如图 1-5 所示，用 a 表示输入，用 w 表示权值。一个表示连接的有向箭头可以这样理解：在初端，传递的信号大小仍然是 a，端中间有加权参数 w，经过加权后的信号会变成 aw，因此在连接的末端，信号的大小就变成了 aw。也就是说，在神经元模型里，每个有向箭头表示值的加权传递。

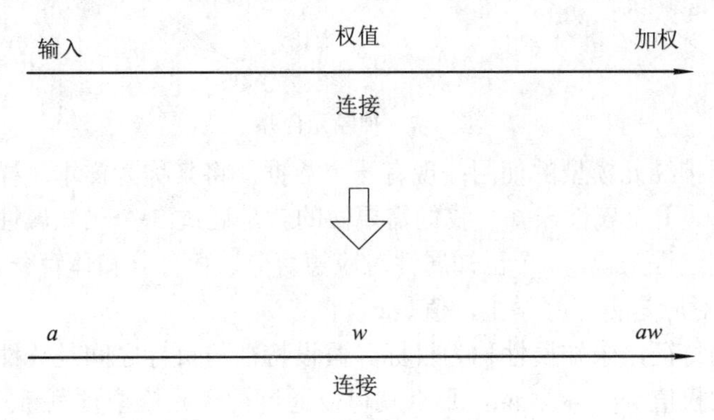

图 1-5　神经元权重

如果将图 1-4 中的所有变量都用符号表示，并且写出输出的计算公式，则结果如图 1-6 所示。

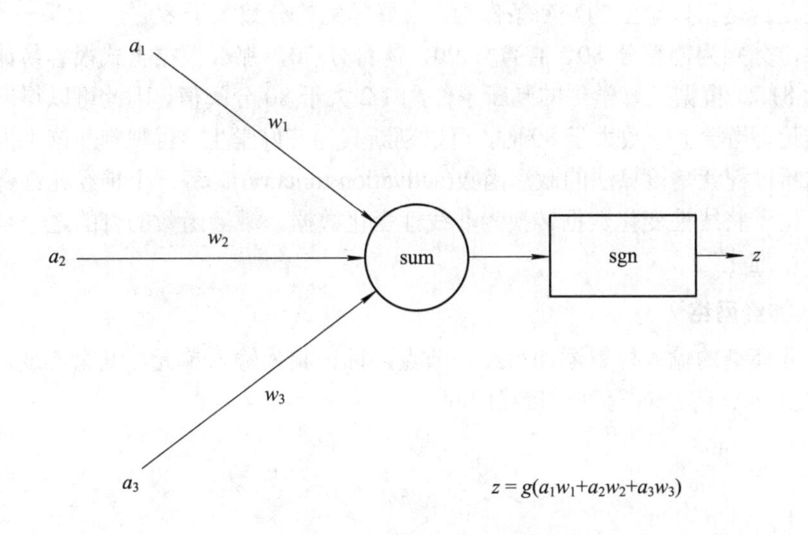

图 1-6　神经元权重计算

由图 1-6 可见，z 是在输入和权值的线性加权和叠加了一个函数 g 后的值。在神经元模型里，函数 g 是 sgn 函数，即取符号函数。当函数 g 的输入大于 0 时，输出 1，否则输出 0。

下面对图 1-6 进行扩展。首先，将 sum 函数与 sgn 函数合并到一个圆圈里，代表神经元的内部计算；其次，一个神经元可以引出多个代表输出的有向箭头，但值都是一样的，如图 1-7 所示。神经元可以看作一个计算与存储单元，其中计算是指神经元会对其输入进行计算；存储是指神经元会暂存计算结果，并传递到下一层。

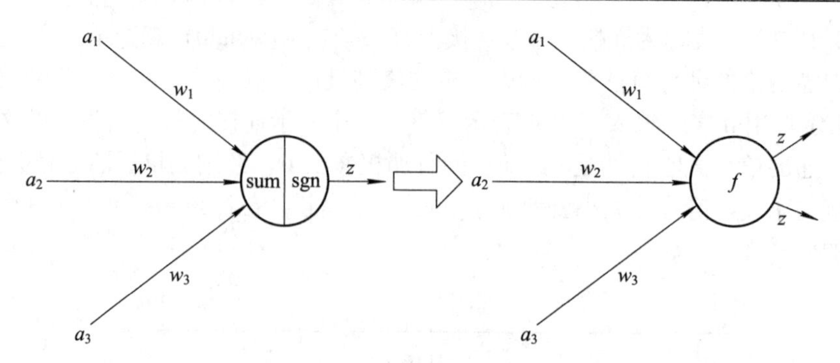

图 1-7　神经元合并

可以这样理解神经元模型的使用：现有一个数据，将其称为样本。样本有 4 个属性，其中 3 个属性已知，1 个属性未知。我们需要做的就是通过 3 个已知属性预测未知属性。对于三好学生预测过程来说，3 个已知属性对应德育分、智育分和体育分，对应的值是 a_1、a_2、a_3；未知属性对应是否三好学生，值是 z。

已知属性称为特征，未知属性称为目标。假设特征与目标之间是线性关系，并且已经得到表示该关系的权值 w_1、w_2、w_3，那么就可以通过神经元模型预测新样本的目标。

假设已经知道对应的权值 w_1、w_2、w_3，如德育分、智育分、体育分分别占比 72%、20%、8%，那么很容易得到三好学生的分数：

$$三好学生总分 = 德育分 \times 72\% + 智育分 \times 20\% + 体育分 \times 8\%$$

某学生是否是三好学生的判断条件为：三好学生的分数大于 80 分。如果一个学生有 3 个已知属性，分别为德育分 80、智育分 90、体育分 70，那么根据上式很容易计算得到该生的分数为 81.2。根据三好学生的判断条件，81.2 大于 80 分阈值，因此可以得出该生是三好学生的结论。当学生分数大于 80 时，可以判断其为三好学生，否则判断该生为非三好学生。这个判断过程就是该算法的激活函数(activation function)。每一个神经元都有一个激活函数功能，用于将线性变化数据转换为非线性变化数据。激活函数的目的之一是将神经元的输出值“标准化”。

2. 单层神经网络

在神经元模型的输入位置添加神经元节点，标识其为输入单元，其余不变。如图 1-8 所示，将权值 w_1、w_2、w_3 写到连接线中间。

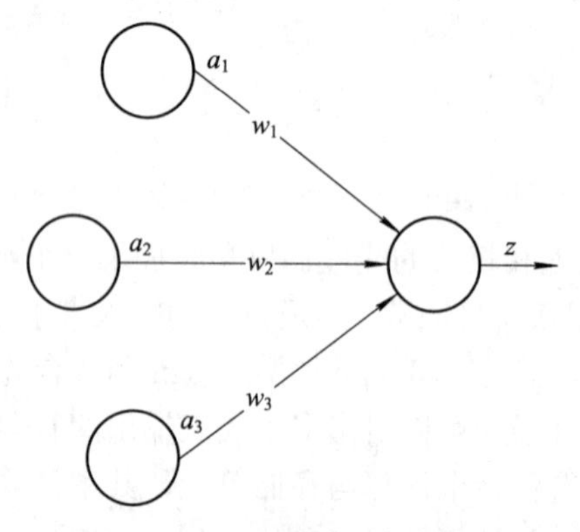

图 1-8　神经元权重放在连接线中间

在单层神经网络中有两个层次，分别是输入层(input layer)和输出层(output layer)。其中，输入层里的输入单元只负责传输数据，不进行计算；输出层里的输出单元则需要对前面一层的输入进行计算。把需要计算的层称为计算层，并把拥有一个计算层的网络称为单层神经网络。

假如要预测的目标不再是一个值，而是一个向量，如需要同时预测出三好学生以及体育特长生，那么可以在输出层再增加一个输出单元。图 1-9 所示即为带有两个输出单元的单层神经网络，其中给出了三好学生输出单元 z_1 的计算公式。

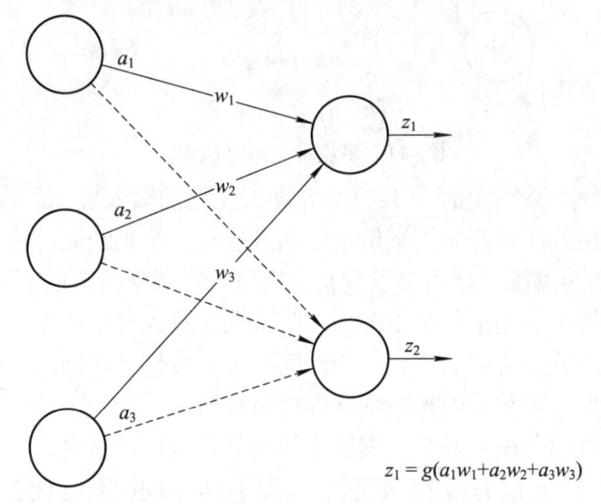

图 1-9　单个神经元计算

体育特长生 z_2 的计算中除了 3 个新的权值，即 w_4、w_5、w_6 以外，其他与 z_1 相同，如图 1-10 所示。

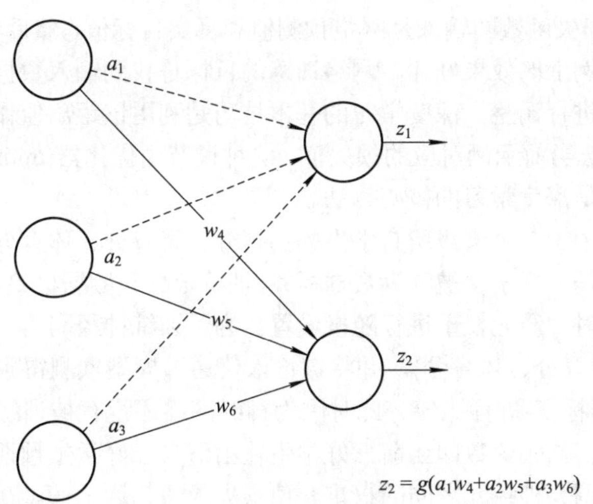

图 1-10　两个神经元计算

3. 多层神经网络

多层神经网络除了包含一个输入层和一个输出层以外，还增加了相应的中间层——隐藏层(hidden layer)。此时，隐藏层和输出层都是计算层。图 1-11 所示为一个多层神经网络结构。

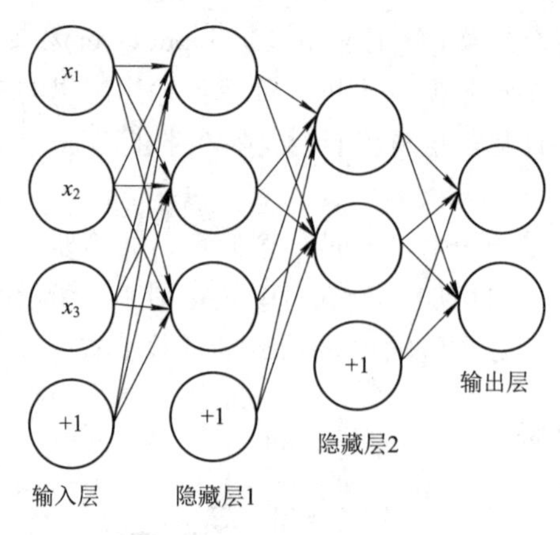

图 1-11　多层神经网络结构

图 1-11 所示多层神经网络包括 4 层网络，即最左边的输入层 x_1、x_2、x_3，以及两个隐藏层和最右边的输出层。在三好学生案例中，输入层有 3 个神经元：德育分、智育分和体育分。图 1-11 中 +1 表示偏置 b，用来设置某个阈值，以调整输出值。

输入层将输入数据传输到第一个隐藏层，隐藏层对输入数据执行数学计算过程。深度学习中的“深度”指的就是隐藏层不止一个，隐藏层层数越多，神经网络的深度也越深。因此，越是复杂的问题，所需要的神经网络深度也越深。

输出层返回输出数据，在三好学生案例中即为是否是三好学生。

神经网络有很多层，每层有很多神经元，如图 1-11 中的圆圈就代表神经元。如果不知道每个神经元对应的权重参数，就需要根据数据进行调整，以便获取到合理的权重参数，该过程称为网络训练。那么，如何为每个神经元选择合理的权重参数呢？首先，需要知道输出值和预期值之间的差距，衡量输出值和预期值之间的偏差函数称为神经网络的损失函数，也称目标函数。损失函数的输入是网络预测值和真实目标值，然后计算出一个距离值，衡量该网络在这个示例上的效果好坏。网络训练的目标是找到输入数据的合理表示，因此需要对不合理的效果进行调整。深度学习的基本技巧是利用该距离值作为反馈信号来对权重值进行微调，以降低当前示例对应的损失值。这种调节由优化器(optimizer)完成，它实现了反向传播算法，这是深度学习的核心算法。

在三好学生案例中，一个班级所有学生的德育分、智育分、体育分被称为训练数据，对应的每个学生是否是三好学生被称为数据标签，训练数据与数据标签一起被称为数据集。

在开始训练时，对神经元权重进行随机设置。为了训练神经网络，需要从数据集里提炼输入值(德育分、智育分、体育分)，并将该输入值通过模型预测得到输出值，然后与数据集里的输出值(数据标签)进行比较。此时因为神经网络还没有被训练，所以它的输出值应该是错误的。因此，损失函数即当前三好学生输出值与三好学生预期值之间的偏差。在训练过程中，目标是调整神经元之间的权重，使损失函数趋近于 0。在训练过程中，可以随机改变神经元之间的权重，直到损失函数降低，但这么做效率比较低。因此，可以利用优化器［如梯度下降法(gradient descent)］实现这一目标。梯度下降法可以找到损失函数的最小值，模型训练完成后，对应的权重参数将接近理想权重参数，使输入数据通过模型预测过程进行计算得到的输出值与预期值非常接近。一旦训练出三好学生预测器，就可以利用它根据新的学生数据预测某学生是否是三好学生。对于多层神经网络，可以通过反向传播算法实现这一目标。反向传播算法建立在梯度下降法的基础上，通过梯度传播功能实现多层神经网络的神经元权重参数更新。

深度学习的完整工作原理如下：

(1) 对神经网络的权重随机赋值，由于是对输入数据进行随机变换，因此其与预期值可能差距很大，相应地损失值也很高；

(2) 根据损失值，利用反向传播算法微调神经网络每层的参数，从而降低损失值；

(3) 根据调整的参数继续计算预测值，并计算预测值和预期值的差距，即损失值；

(4) 重复步骤(2)和(3)，直到整个网络的损失值达到最小，即算法收敛。

1.1.6　深度学习的应用

深度学习非常擅长处理图像识别、物体检测、自然语言翻译、语音识别和趋势预测等任务，这些任务本身比较复杂，需要一个相对复杂的系统以完成拟合任务。下面列举深度学习在实际生产生活中的应用。

深度学习可以使用在人脸识别中，如图 1-12 所示。

图 1-12　人脸识别

深度学习可以完成图像超分辨率采样等任务，如图 1-13 所示，图(a)是使用二次样条插值得到的图像，图(b)是使用深度学习得到的图像。不难看出，深度学习在进行超分辨率采样的过程中可以保留更多细节。

(a) 使用二次样条插值得到的图像　(b) 使用深度学习得到的图像

图 1-13　图像超分辨率采样

图像目标检测是深度学习的重要应用场景，其可以识别一张图片的多个物体，还可以定位不同物体的位置(给出边界框)。图像目标检测可用在很多场景中，如图 1-14 所示。

图 1-14　图像目标检测

通过深度学习能够进行图像艺术风格迁移。图像艺术风格迁移的核心思想是从一幅图像中提取出“风格”(如梵高的夜空风格)以及“内容”(如画中的一只狗)，并将风格和内容融合在一起，如图 1-15 所示。

图 1-15　图像艺术风格迁移

1.2　深度学习环境配置

1.2.1　环境安装简介

为了更方便地进行 Python 环境的管理，使用 Anaconda 工具作为 Python 环境管理工具。Anaconda 是一个开源的 Python 发行版，其中包含大量的标准数学和科学计算软件包。通过 Anaconda 软件可以安装 Jupyter Notebook、Numpy、Scipy、Matplotlib、Pandas 等工具包，用于数据分析和科学计算。

Anaconda 具有如下特点：

(1) 开源；

(2) 安装过程简单；

(3) 高性能使用 Python 和 R 语言；

(4) 免费的社区支持。

1.2.2 安装 Anaconda

Anaconda 是一个使用非常方便的 Python 包管理和环境管理软件，一般用来配置不同的项目环境。假设遇到这样的情况：正在完成项目 A 和项目 B，其中项目 A 基于 Python2，项目 B 基于 Python 3，而计算机只能安装一个环境，此时可以使用 Anaconda 创建多个互不干扰的环境，分别运行不同版本的软件包，以达到兼容的目的。Anaconda 通过管理工具包、开发环境、Python 版本，可以大大简化工作流程。Anaconda 不仅可以方便地安装、更新、卸载工具包，而且可以自动安装相应的依赖包，同时还能使用不同的虚拟环境隔离不同要求的项目。Anaconda 自带界面调试 Python 软件——Spyder 和 Jupyter Notebook。

本小节介绍 Anaconda 的安装方法。下载 Anaconda 软件安装程序，网址为 https://mirrors.tuna.tsinghua.edu.cn/anaconda/archive，本书选择安装的版本是 Anaconda3-5.3.1-Windows-x86_64.exe 版本。

双击运行 Anaconda 安装程序，按照提示顺序进行安装即可。安装过程中需要特别注意图 1-16 所示的步骤。

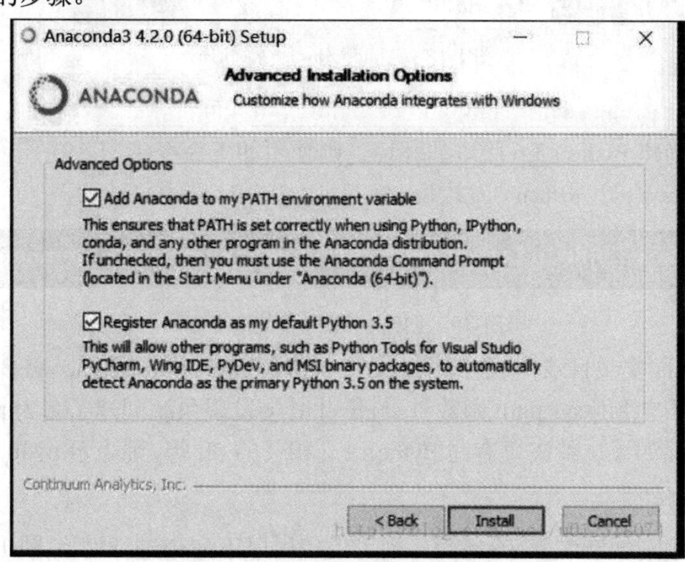

图 1-16　安装过程中需要注意的步骤

图 1-16 中，第一项指将 Anaconda 的默认环境设置添加到系统环境。如果计算机中之前安装过 Python 并添加到了环境，则选中这一复选框后原来的 Python 环境会被覆盖，默认使用 Anaconda 的 Python 环境作为系统环境。第二项指设置 Anaconda 的默认环境为

Python 3.5。Anaconda 安装完成后，会创建一个名为 base 的默认环境，如果不切换到其他指定环境，Anaconda 就会一直在默认环境中运行。例如，打开命令窗口，可以看到图 1-17 所示的命令提示符。

图 1-17　默认环境

1.2.3　配置 Anaconda 环境

1. 打开 Anaconda 命令窗口

Anaconda 安装完成后，如果需要创建自己的 Python 环境，则需要先打开 Anaconda 命令窗口，如图 1-18 所示。

图 1-18　Anaconda 命令窗口

2. 创建环境

假如此时要创建 Python 3.6 版本的环境，则使用如下命令(图 1-19)：

conda create -n py36 python=3.6(其中 py36 可以由用户任意命名)

```
(base) C:\Users\Administrator>conda create -n py36 python=3.6
```

图 1-19　创建 py36 环境的命令行

打开 Anaconda 安装目录[安装路径为 C:\Users\Administrator\Anaconda3\envs(如果想获取文件夹目录，可以使用 sys.path 函数查看)]，此时会发现系统创建了名为 py36 的文件夹，这就是 py36 环境。如果文件夹里有与 Python 3.6 相关的 dll 等，则表示 py36 环境创建成功。

3. 激活环境

如果要使用刚刚创新的 py36 环境，则可以使用以下命令进行切换(图 1-20)：

Activate py36

```
(base) C:\Users\Administrator>Activate py36
```

图 1-20　激活 py36 环境的命令行

当切换到 py36 环境中后，就可以使用 pip install 命令进行软件包的安装，相应的软件只在当前 py36 环境中才有效。

1.2.4　安装 PyCharm

本书采用 PyCharm 软件作为 Python 程序的集中开发环境。PyCharm 的官方下载地址为 https://www.jetbrains.com/pycharm，如图 1-21 所示，其中左侧为专业版，右侧为社区版，建议下载社区免费版 pycharm-community-2019.1.3.exe。

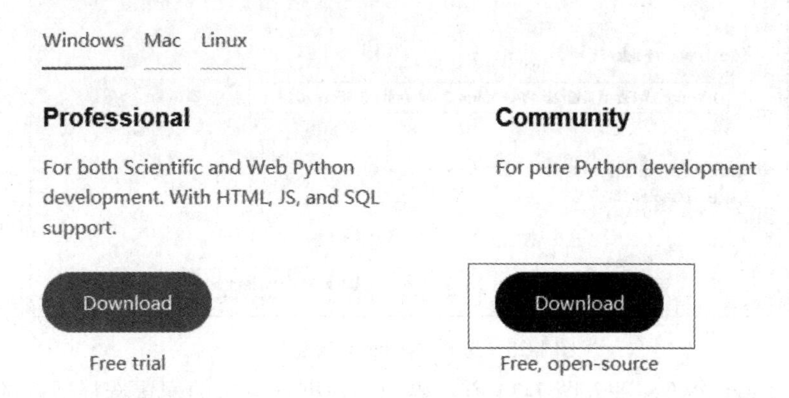

图 1-21　PyCharm 官方社区版下载

PyCharm 的安装步骤如下：

(1) 双击下载的安装包，弹出图 1-22 所示的界面。

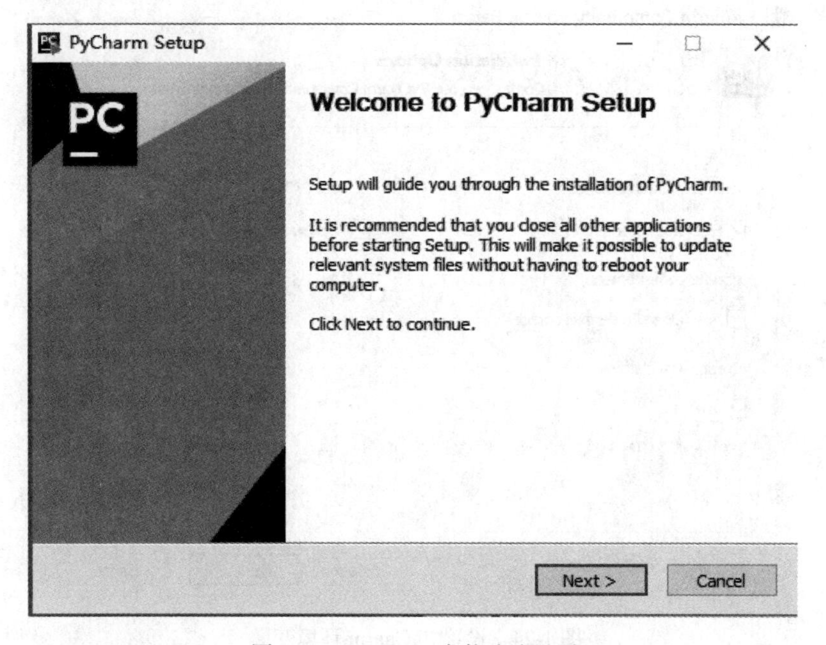

图 1-22　PyCharm 安装欢迎界面

(2) 单击 Next 按钮，弹出安装目录选择界面。PyCharm 需要的内存较多，建议将其安装在 D 盘或者 E 盘，不建议放在系统盘 C 盘，如图 1-23 所示。

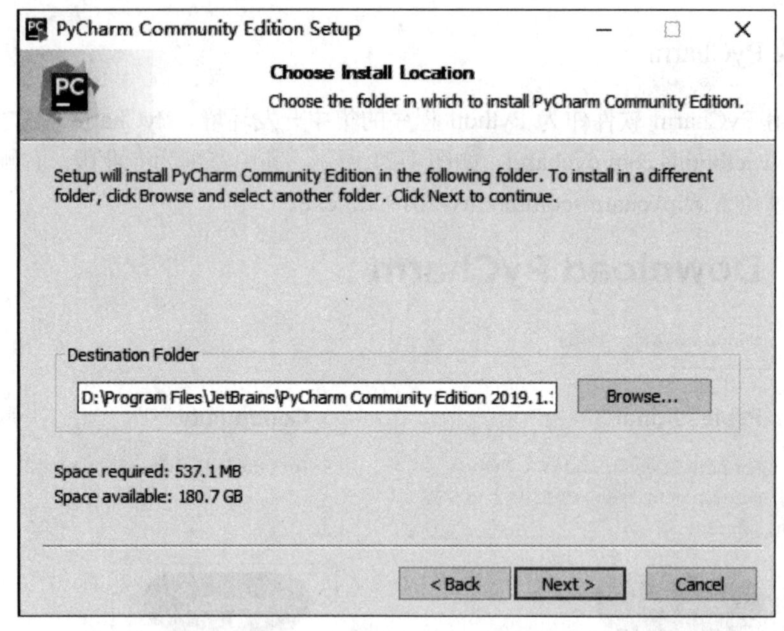

图 1-23　选择 PyCharm 安装目录

(3) 单击 Next 按钮，进入图 1-24 所示界面，根据计算机的配置选择适合的桌面快捷方式(Create Desktop Shortcut)。例如，若计算机是 64 位系统，则选择 64 位(64-bit launcher)。关联文件(Create Associations)设置中，如果选中 .py 复选框，则 .py 文件默认使用 PyCharm 打开。

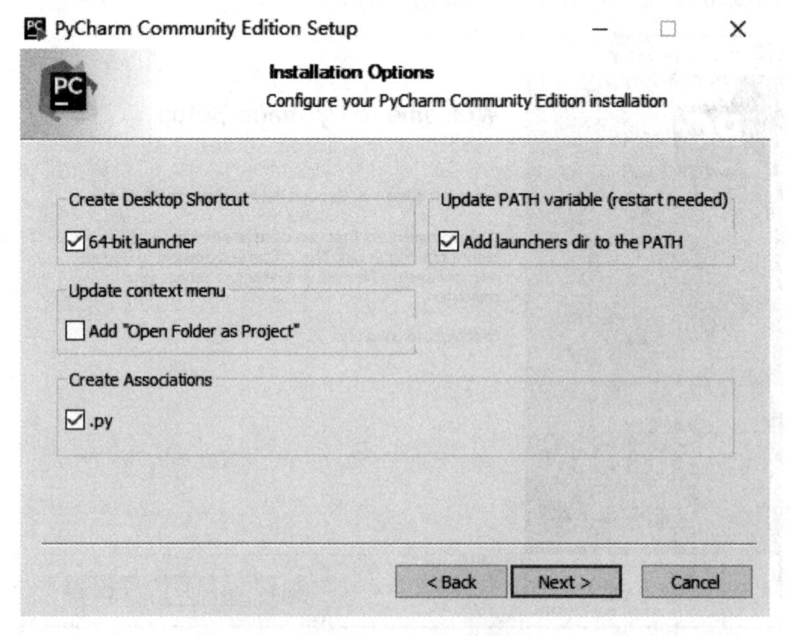

图 1-24　设置 PyCharm 环境变量

(4) 单击 Next 按钮，进入图 1-25 所示的界面(默认安装即可)。

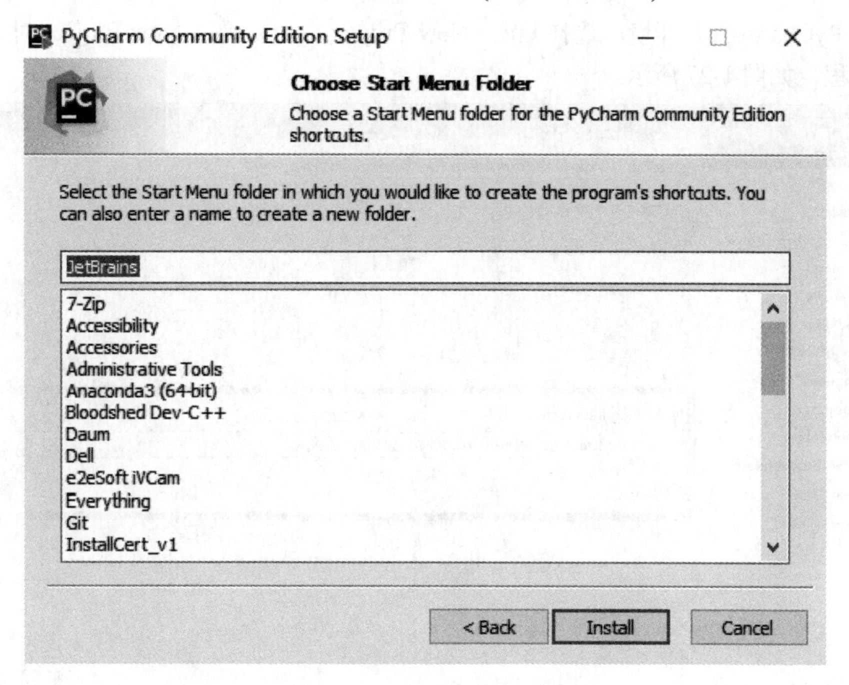

图 1-25　PyCharm 安装文件夹

(5) 单击 Install 按钮，耐心等待几分钟，即提示安装完成，如图 1-26 所示。

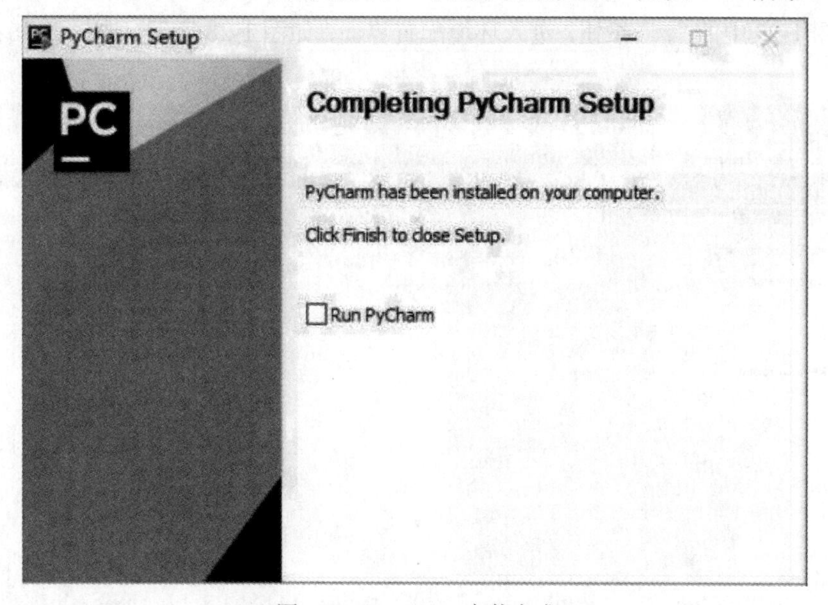

图 1-26　PyCharm 安装完成

1.2.5　新建项目

当创建好对应的 Anaconda 环境后(本书中创建的环境名为 py36)，即可使用 PyCharm 编写代码。如果需要使用对应的 Anaconda 环境，那么需要进行如下配置。

1. 新建项目，选择 Anaconda 环境

打开 PyCharm 开发环境，选择 File→New Project 命令，弹出 New Project 对话框，新建一个工程，如图 1-27 所示。

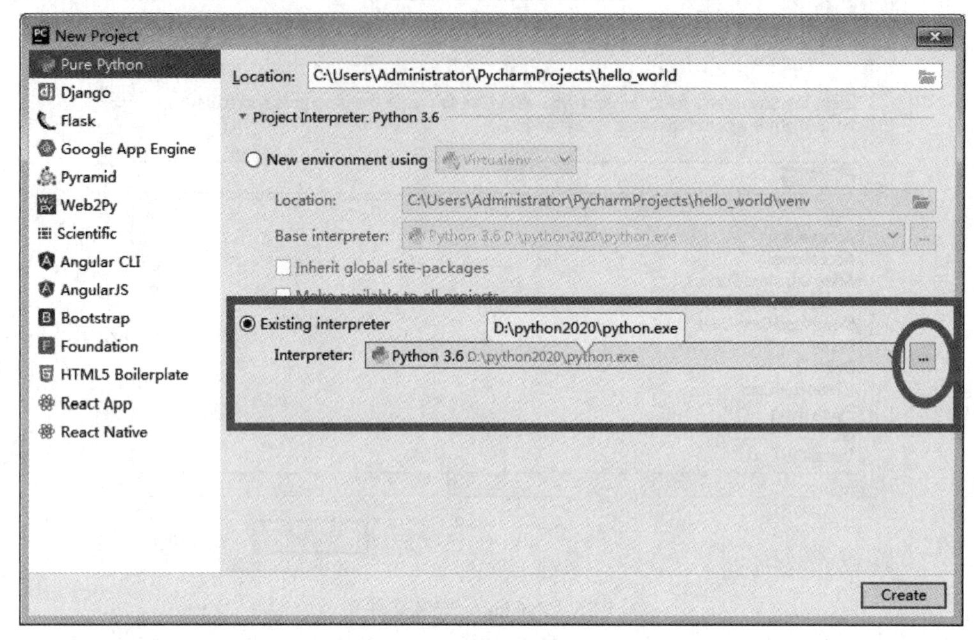

图 1-27　新建工程

单击图 1-27 中的“...”按钮，进入环境配置界面，如图 1-28 所示，选择 py36 Anaconda 环境。

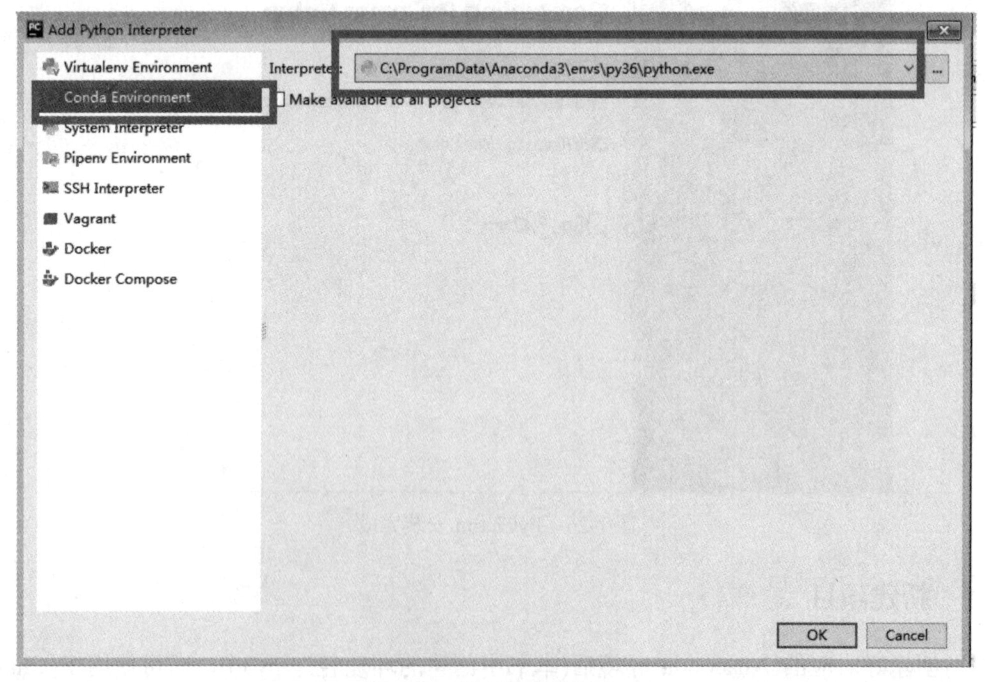

图 1-28　选择解释器版本

2. 创建 Python 文件

基于建立好的 Anaconda 环境，新建一个 Python 文件，命名为 hello_world.py，如图 1-29 所示。

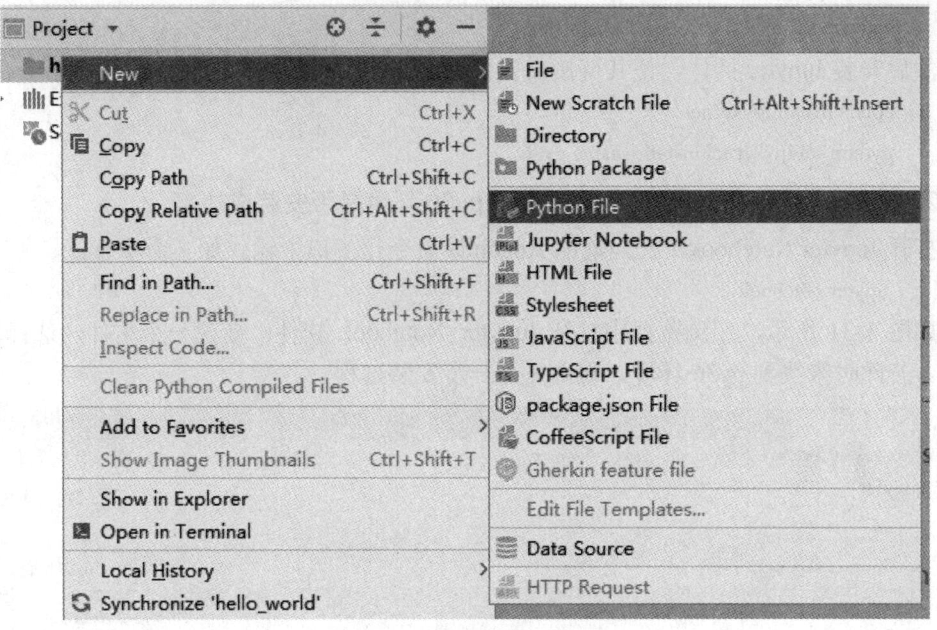

图 1-29　新建 Python 文件

3. 验证 Anaconda 相应的 Python 解释器是否加载成功

如图 1-30 所示，在 hello_world.py 中编写如下程序：

```
#导入相应库
import platform
#输出 Python 解析器版本
print(flatform.python_version())
```

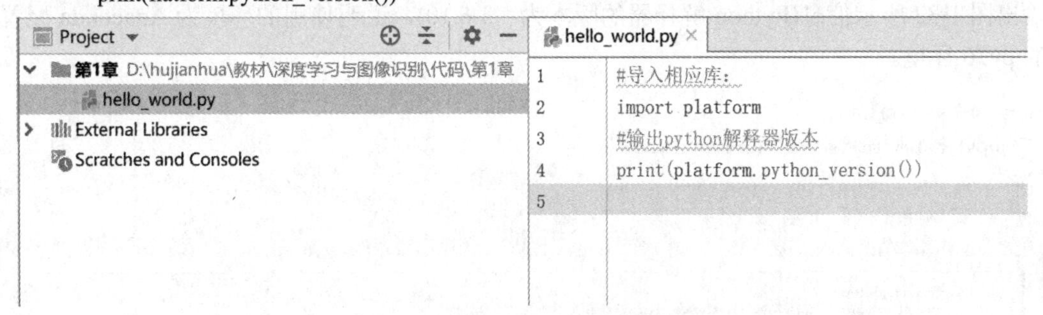

图 1-30　验证 Anaconda 环境配置

以上程序用于查看当前解释器版本，验证 Anaconda 配置是否成功。例如，当前解释器的版本为 3.6.10。

1.2.6　Jupyter Notebook 的 Anaconda 环境配置

Jupyter Notebook 经常用于编写网页版 Python 程序，是一款程序员和科学工作者的编程、文档、笔记及展示软件。下面介绍 Jupyter Notebook 的 Anaconda 环境配置。

1. 安装 Jupyter 插件

首先激活 py36 环境，输入如下命令行：

```
activate py36
```

然后安装 Jupyter 插件，使其链接需要使用的 Anaconda 环境 py36，输入如下命令行：

```
conda install ipykernel
python -m ipykernel install --name py36
```

2. 打开 Jupyter Notebook 软件，查看 py36 环境是否安装成功

打开 Jupyter Notebook，在当前的 Anconda 命令行窗口中输入如下命令行：

```
jupyter notebook
```

如图 1-31 所示，在浏览器中打开 Jupyter Notebook 软件，新建一个文件，选择 py36 环境。若此时未找到 py36 环境，则重复上一步安装过程。

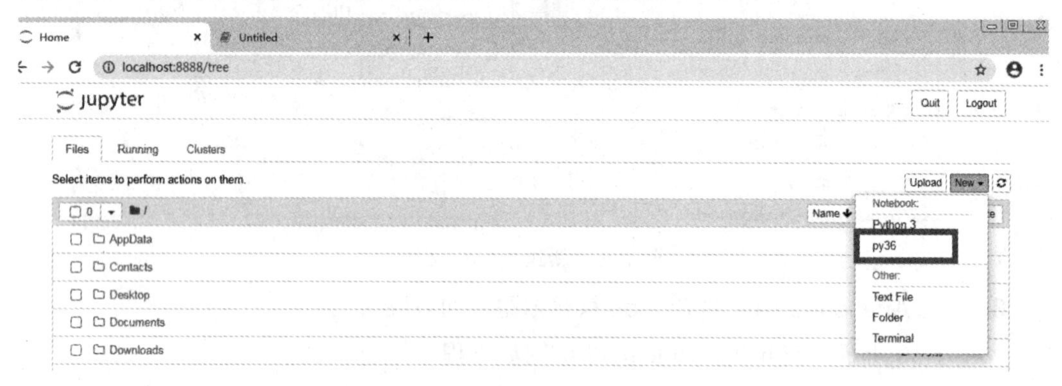

图 1-31　查看 py36 环境是否安装成功

3. 验证 Jupyter Notebook 的 Anaconda 环境是否配置成功

输入图 1-32 所示代码，验证 Python 解释器版本。选择 Cell→Run All 命令，运行程序，输出图 1-32 所示信息(Python 解释器的版本为：3.6.10)，说明使用的环境为 Anaconda 配置的 py36 环境。

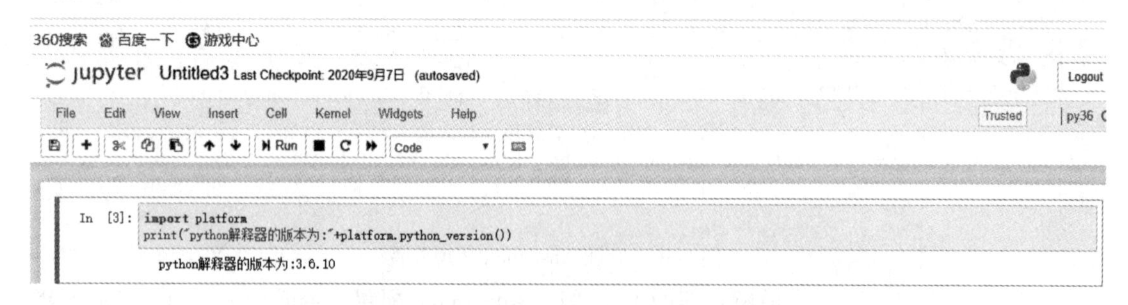

图 1-32　验证 Python 解释器版本

1.2.7　使用 pip 命令安装软件

pip 是 Python 包管理工具，提供了对 Python 包的查找、下载、安装、卸载功能。由

于在 Anaconda 中已创建了对应版本的 Python 环境，因此只需要切换到对应的虚拟环境，就可以使用 pip 命令进行软件安装。

打开 Anaconda 命令行窗口，切换到 py36 环境，输入如下命令：

```
activate py36
```

执行完成后，使用 pip install 命令就可以进行对应软件的安装。

安装本书需要使用的软件，输入如下命令行：

```
pip install numpy
pip install matplotlib
pip install scipy
pip install keras
pip install pandas
pip install tensorflow==1.14.0
pip install dlib==19.7.0
pip install face_recognition
pip install opencv_python
pip install Pillow
```

由于默认使用国外源进行下载安装，导致下载速度非常慢，因此可以使用国内源进行加速安装。在相应安装命令行后加-i https://pypi.tuna.tsinghua.edu.cn/simple，如安装 NumPy，如使用国内源进行加速，则安装命令如下：

```
pip install numpy -i https://pypi.tuna.tsinghua.edu. cn/simple
```

按同样的过程安装其他软件，若出现网络错误，可重复安装尝试。如上使用的为国内清华源，也可以使用国内其他源进行加速下载，如国内阿里云：-i http://mirrors.aliyun.com/pypi/simple。

第 2 章　深度学习常用工具包入门

深度学习计算过程中，大部分数据流以矩阵的形式进行。因此，为更好地理解深度学习，需要先回顾一些简单的数学基础，如线性代数的矩阵相加与相乘、矩阵转置等，本章利用 Python 程序实现这些操作。当然，在深度学习框架的使用过程中可能不会接触到这些底层的实现，但是只有了解了数据的流向和数据的存储等内容，才能更好地使用深度学习框架。另外，在进行深度学习模型训练之前，需要进行数据读取处理、数据清洗等数据预处理，因此需要掌握深度学习常用工具包的使用方法。

深度学习入门的一些数学矩阵处理计算与存储常用库为 NumPy 库，本章内容涉及 NumPy 库的数学矩阵计算、图片读取、矩阵变换计算等。在深度学习中，激活函数是一个非常重要的概念，其引入了非线性变换。因此，本章除了介绍激活函数的基本原理与优缺点外，还将使用 NumPy 实现激活函数，并且使用画图工具绘制对应的激活函数图形，从而使读者对激活函数有一个直观的了解。

在数据集读取与处理过程中，还将用到 os、NumPy、Matplotlib、Pandas、OpenCV 模块，这些模块是深度学习入门的基础库。其中，os 为操作系统的一个模块，在项目中可能需要使用 os 模块对一个文件夹下的所有文件进行读取，如使用 OS.listdir 列出文件夹下的所有文件以及目录。Matplotlib 模块为画图工具，可以进行数据画图分析、绘制简单直线、绘制图例和子图等操作。Pandas 模块可对批量数据进行表格类处理，如可以实现对由.xls 格式转换成.csv 格式的文件进行读取与处理。OpenCV 模块是计算机视觉处理软件库，可以对图像、视频进行读取与处理。使用这些模块，能够对一个大型图像数据集进行批量读取与处理，为下一步 Keras 模型训练所需输入数据做准备。

本章技能目标：

(1) 学习线性代数常用矩阵计算方法，并学会使用程序实现对应的计算；
(2) 掌握激活函数的原理和计算公式，并学会使用程序实现对应的函数；
(3) 掌握 os 模块、NumPy 模块、Matplotlib 模块、Pandas 模块的简单使用；
(4) 掌握使用 OpenCV 模块实现视频图像读取、写出、显示等应用。

2.1　数 学 基 础

基础数学知识在深度学习领域有着大量的应用，尤其是在矩阵计算和数值处理方面。

本节主要介绍基于 Python 语言实现相应的基础数学计算方法。数学基础算法主要通过 NumPy 模块实现，NumPy 模块为深度学习提供基础支持。

2.1.1　NumPy 数组生成与 reshape 计算

NumPy 数组的维数称为秩(rank)，秩就是轴的数量，即数组的维度。一维数组的秩为 1，二维数组的秩为 2，依此类推。在 NumPy 中，每一个线性数组称为一个轴(axis)，即维度(dimensions)。例如，二维数组相当于两个一维数组，其中第一个一维数组中每个元素又是一个一维数组。所以，一维数组就是 NumPy 中的轴，第一个轴相当于底层数组，第二个轴相当于底层数组里的数组。

np.arange 函数返回一个有终点和起点的固定步长的排列，如[1,2,3,4,5]，起点是 1，终点是 5，步长为 1。np.arange 函数的参数可以有一个、两个或三个：

(1) 当有一个参数时，参数值为终点，起点取默认值 0，步长取默认值 1。

(2) 当有两个参数时，第一个参数为起点，第二个参数为终点，步长取默认值 1。

(3) 当有三个参数时，第一个参数为起点，第二个参数为终点，第三个参数为步长，其中步长支持小数。

reshape()是数组 array 中的方法，作用是将数据重新组织，改变数组的形状，但是原始数据不发生变化。

程序代码如下：

```
#代码路径:/第 2 章/numpy_define.py
#导入相应库
import numpy as np
#生成一个包含整数 0～11 的向量
x = np.arange(12)
print(x)
```

输出结果：

```
[0  1  2  3  4  5  6  7  8  9  10  11]
#查看数组大小
print(x.shape)
```

输出结果：

```
(12,)
#将 x 转换成二维矩阵，其中矩阵的第一个维度为 1
x = x.reshape(1, 12)
print(x)
```

输出结果：

```
[[0  1  2  3  4  5  6  7  8  9  10  11]]
```

2.1.2　转置实现

转置是矩阵的一种运算，在矩阵的所有运算法则中占有重要地位。$m \times n$ 矩阵 $\boldsymbol{A}$ 的行换成同序数的列得到一个 $n \times m$ 矩阵，此矩阵称为 ***A*** 的转置矩阵。

程序代码如下：

```
#代码路径:/第 2 章/matrix_trans.py
#导入相应库
import numpy as np
#生成 3 × 4 的矩阵并转置
A = np.arange(12).reshape(3, 4)
print(A)
```

输出结果：

```
[[ 0  1  2  3]
 [ 4  5  6  7]
 [ 8  9 10 11]]
#输出矩阵 A 的转置
print(A.T)
```

输出结果：

```
[[ 0  4  8]
 [ 1  5  9]
 [ 2  6 10]
 [ 3  7 11]]
```

2.1.3 矩阵乘法

记两个矩阵分别为 ***A*** 和 ***B***，两个矩阵能够相乘的条件为第一个矩阵的列数等于第二个矩阵的行数，通过使用 np.matmul 函数实现矩阵相乘。

程序代码如下：

```
#代码路径:/第 2 章/matrix_mov.py
#导入相应库
import numpy as np
A = np.arange(6).reshape(3, 2)
B = np.arange(6).reshape(2, 3)
print(A)
```

输出结果：

```
[[0 1]
 [2 3]
 [4 5]]
print(B)
```

输出结果：

```
[[0 1 2]
```

```
 [3 4 5]]
#矩阵相乘
print(np.matmul(A, B))
```

输出结果：

```
[[ 3   4   5]
 [ 9 14 19]
 [15 24 33]]
```

2.1.4 矩阵对应元素运算

矩阵对应元素运算是针对形状相同的矩阵运算的统称，包括元素对应相乘、相加等，即对两个矩阵相同位置的元素进行加减乘除等运算。

程序代码如下：

```
#代码路径:/第 2 章/matrix_add.py
#导入相应库
import numpy as np
#创建矩阵
A = np.arange(6).reshape(3, 2)
#矩阵相乘
print(A * A)
```

输出结果：

```
[[ 0   1]
 [ 4   9]
 [ 16 25]]
#矩阵相加
print(A + A)
```

输出结果：

```
[[ 0   2]
 [ 4   6]
 [ 8 10]]
```

2.2 常用函数

激活函数对于人工神经网络模型的学习有十分重要的作用，其将非线性特性引入神经网络中。如图 2-1 所示，在神经元中，输入通过加权求和后，还经过了一个阶跃函数，该函数一般称为激活函数。引入激活函数是为了增加神经网络模型的非线性，没有激活函数的每层都相当于矩阵相乘。

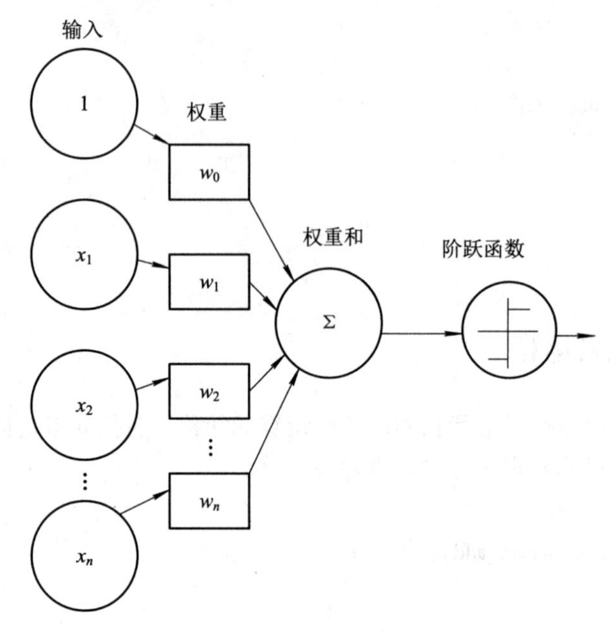

图 2-1　在神经网络中引入激活函数

常用的激活函数有 Sigmoid、tanh、ReLU、Softmax 等。

2.2.1　Sigmoid 函数

Sigmoid 函数是一个有着优美 S 形曲线的数学函数，在逻辑回归、人工神经网络中有着广泛应用。Sigmoid 函数的数学形式为

$$s(x)=\frac{1}{1+\mathrm{e}^{-x}}$$

程序代码如下：

```
#代码路径:/第 2 章/Sigmoid.py
import numpy as np
import matplotlib.pyplot as plt
def Sigmoid(x):
    s = 1/(1+np.exp(-x))
    return s
if__name__ == '__main__':
    x=1
    x= np.linspace(-10, 10)
    y=Sigmoid(x)
    plt.plot(x, y)
    plt.ylim(-0.1, 1.0)
    plt.show()
```

输出结果如图 2-2 所示。

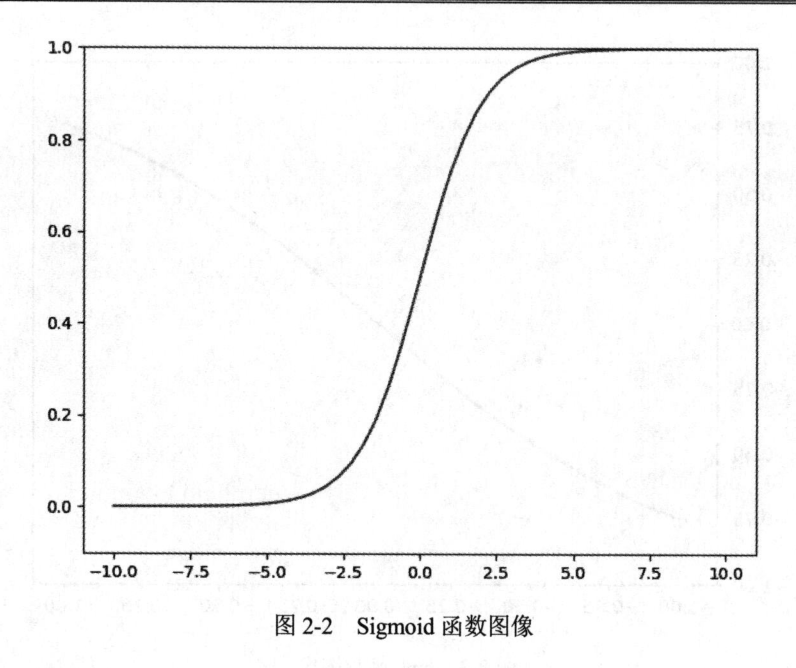

图 2-2　Sigmoid 函数图像

2.2.2　tanh 函数

Tanh 函数属于双曲函数，tanh 表达双曲正切。在数学中，tanh 函数由双曲正弦函数和双曲余弦函数推导而来，其数学形式为

$$\tanh x = \frac{\sinh x}{\cosh x} = \frac{e^x - e^{-x}}{e^x + e^{-x}}$$

程序代码如下：

```
#代码路径:/第 2 章/tanh.py
import numpy as np
import matplotlib.pyplot as plt
def tanh(x):
s1 = np.exp(x)-np.exp(-x)
    s2 = np.exp(x)+np.exp(-x)
    s = s1 / s2
    return s
if__name__=='__main__':
x = 1
    x = np.linspace(-1, 1)
    y = tanh(x)
    plt.plot(x, y)
    plt.ylim(-1, 1.0)
    plt.show()
```

输出结果如图 2-3 所示。

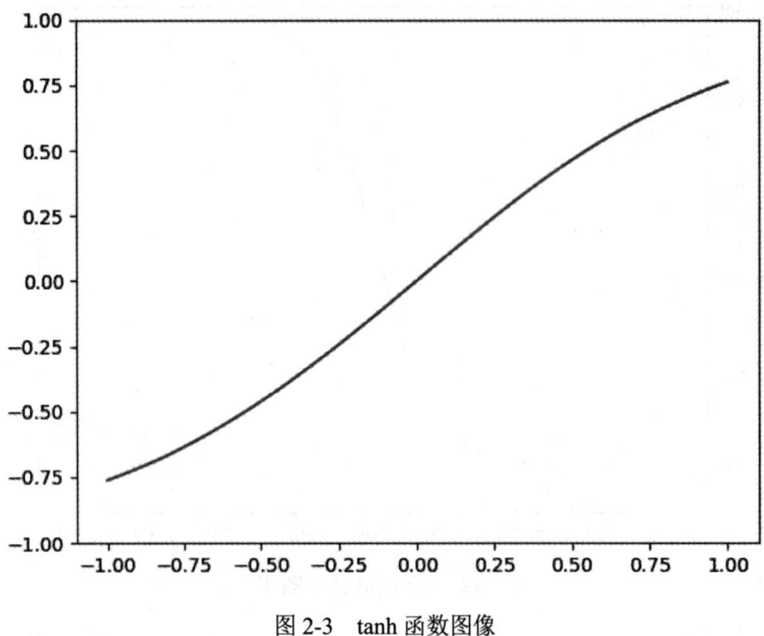

图 2-3 tanh 函数图像

2.2.3 ReLU 函数

ReLU 函数是目前深度学习中最常用的激活函数，其数学形式为

$$\mathrm{ReLU}(x)=\max(0,x)=\begin{cases}x, & x>0\\0, & x\leqslant 0\end{cases}$$

ReLU 函数图像如图 2-4 所示。

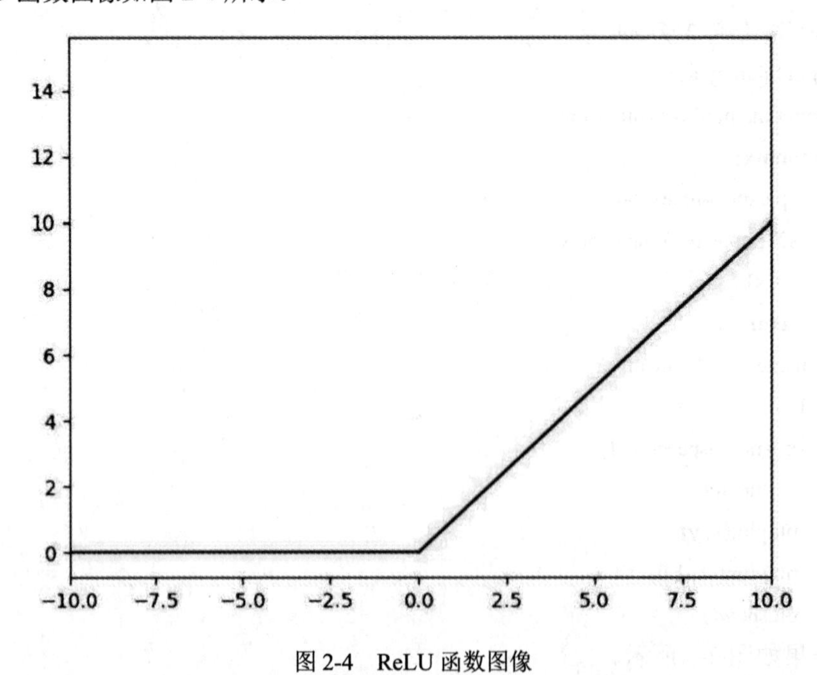

图 2-4 ReLU 函数图像

程序代码如下：

```
#代码路径:/第 2 章/relu.py
import numpy as np
def relu(x):
    s = np.where(x < 0, 0, x)
    return s
if __name__ == '__main__':
    x = -1
    s = relu(x)
    print(s)
    x = np.array([2, -3, 1])
    s = relu(x)
    print(s)
```

输出结果：

```
0
[2 0 1]
```

2.2.4 Softmax 函数

Softmax 回归模型是 Logistic 回归模型在多分类问题上的推广，适用于多分类问题中类别互斥的场合。Softmax 函数将多个神经元的输出映射到(0，1)区间内，可以看作当前输出属于各个分类的概率，从而进行多分类。

假设有一个数组 V，V_i 表示 V 中的第 i 个元素，那么 V_i 元素的 Softmax 值计算公式为

$$y_k = \frac{e^{ak}}{\sum_{i=1}^{n} e^{a_i}}$$

上式表示：假设输出层共有 n 个神经元，计算第 k 个神经元的输出 y_k。

Softmax 函数的分子是输入信号 a_k 的指数函数，分母是所有输入信号的指数函数的和。

程序代码如下：

```
#代码路径:/第 2 章/Softmax.py
import numpy as np
def Softmax(x):
    x_exp = np.exp(x)
    x_sum = np.sum(x_exp, axis=1, keepdims=True)
    print("x_sum = ", x_sum)
    s = x_exp / x_sum
    return s
#调用该函数
if __name__ == '__main__':
    x = np.array([[9, 2, 5, 0, 0], [7, 5, 0, 0, 0]])
```

```
print("Softmax(x) = " + str(Softmax(x)))
```

输出结果：

```
x_sum = [[8260.88614278]
         [1248.04631753]]
Softmax(x) = [[9.80897665e-018.94462891e-041.79657674e-021.21052389e-04 1.21052389e-04]
              [8.78679856e-011.18916387e-018.01252314e-048.01252314e-048 .01252314e-04]]
```

2.2.5　导数

本节以 Sigmoid 函数为例，介绍导数的应用。

当使用反向传播时，Sigmoid 函数用来计算梯度，以优化损失函数。对 Sigmoid 函数求导：

$$S'(X) = \frac{e^{-x}}{(1+e^{-x})^2} = S(X)[1 - S(X)]$$

程序代码如下：

```
#代码路径:/第 2 章/der_Sigmoid.py
import numpy as np
def Sigmoid_derivative(x):
    s = 1 / (1 + np.exp(-x))
    ds = s * (1 - s)
    return ds
if __name__ == '__main__':
    x = 3
    s = Sigmoid_derivative(x)
    print(s)
```

输出结果：

```
0.045176659730912
```

当 $\boldsymbol{x}$ 是矩阵或者向量时，计算如下：

```
if __name__ == '__main__':
    x = np.array([2, 3, 4])
    s = Sigmoid_derivative(x)
    print(s)
```

输出结果：

```
[0.10499359 0.04517666 0.01766271]
```

2.3　深度学习常用模块

2.3.1　os 模块

os 模块常用于处理文件夹或者文件，在不同操作系统下都能够使用。通过 os 模块能够简化文件夹搜索、移动、创建等操作，提高工作效率。例如，使用如下程序可以批量搜索目录下的所有文件：

```
#代码路径:/第 2 章/search_file.py
import os
input_path = "./imgos"
#root 为当前正在遍历的该文件夹的本身的地址
#dirs 为 list，内容是该文件夹中的所有目录的名字(不包括子目录)
#files 为 list，内容是该文件夹中的所有文件(不包括子目录)
for root, dirs, files in os.walk(input_path, topdown = False):
    for name in files:
        print(os.path.join(root, name))
```

程序中使用了 os.walk 方法，os.walk 方法是一个简单易用的文件、目录遍历器，可以帮助用户高效处理文件和目录方面的问题，在 UNIX 和 Windows 操作系统中都非常有效。os.walk 方法返回的是一个三元组(root，dirs，files)，其中各元素含义见上述程序中的注释。

os 模块中还有许多其他有用的操作，常见函数如下：

(1) os.getcwd()：获取当前工作的目录，如返回结果为“'C:\\Program Files\\Python36'”。

(2) os.listdir(path)：列出 path 目录下的所有文件和目录名。其中，path 参数可以省略，如 os.listdir(".")。

(3) os.remove(path)：删除 path 指定的文件，该参数不能省略。

(4) os.rmdir(path)：删除 path 指定的目录，该参数不能省略。

(5) os.mkdir(path)：创建 path 指定的目录，该参数不能省略。递归创建目录可用命令 os.makedirs()。

(6) os.path.split(path)：返回路径的目录和文件名，即将目录和文件名分开。

(7) os.path.join(path, name)：连接目录和文件名，与 os.path.split(path)相对。

(8) os.chdir(path)：将原来的目录改为新的指定目录。

(9) os.path.basename(path)：返回文件名。

(10) os.path.dirname(path)：返回文件路径。

2.3.2 NumPy 模块

1. 创建数组

程序代码如下：

```
import numpy as np
a = np.array([1, 2, 3])                    #创建数组
b = np.array([(1.5, 2, 3), (4, 5, 6)], dtype = float)
c = np.array([[(1.5, 2, 3), (4, 5, 6)], [(3, 2, 1), (4, 5, 6)]], dtype = float)
np.zeros((3, 4))                           #创建 0 数组
np.ones((2, 3, 4), dtype = np.int16)       #创建 1 数组
```

```
d = np.arange(10, 25, 5)          #创建相同步数数组
np.linspace(0, 2, 9)              #创建等差数组
e = np.full((2, 2), 7)            #创建常数数组
f = np.eye(2)                     #创建 2 × 2 矩阵
np.random.random((2, 2))          #创建随机数组
np.empty((3, 2))                  #创建空数组
```

2. 复制数组

程序代码如下：

```
h = a.view()
np.copy(a)
h = a.copy()
```

3. 基本运算

程序代码如下：

```
import numpy as np
#算术运算
np.subtract(a, b)        #减法，a - b
np.add(b, a)             #加法，b+a
np.divide(a, b)          #除法，a / b
np.multiply(a, b)        #乘法，a * b
np.exp(b)                #指数
np.sqrt(b)               #开方
np.sin(a)                #sin 函数
np.cos(b)                #cos 函数
np.log(a)                #log 函数
e.dot(f)                 #内积
np.array_equal(a, b)     #比较数组
a.sum()                  #求和
b.min()                  #最小值
b.max(axis=0)            #最大值数组列
b.cumsum(axis=1)         #元素累加和
a.mean()                 #平均值
b.median()               #中位数
a.corrcoef()             #相关系数
np.std(b)                #标准差
```

4. NumPy 中的数据类型

程序代码如下：

```
np.int64                 #64 位整数
np.float32               #标准双精度浮点数
```

```
np.bool                #布尔类型
np.object              #对象
np.string_             #固定长度字符串
np.unicode_            #固定长度统一码
```

5. NumPy 数据切片

程序代码如下：

```
#代码路径:/第 2 章/np_slice.py
import cv2
import numpy as np
t = np.array([[1, 2, 3, 4],
              [5, 6, 7, 8],
              [9, 10, 11, 12],
              [13, 14, 15, 16]])
print(t)
print(t.shape)
print(t[:, 2])
print(t[0: 2, 2])
```

使用 NumPy 库切片功能对图像进行裁剪，程序代码如下：

```
#代码路径:/第 2 章/img_slice.py
import cv2
import numpy as np
#读取图像
img = cv2.imread('lena.jpg')
print(img.shape)
#取连续多行
img2 = img[100: 200, 99: 203, :]
#cv2.imshow("hello", img)
cv2.imshow("hello", img2)
cv2.waitKey(0)
```

6. NumPy 数据拼接

使用 NumPy 进行数据拼接时需要注意：水平拼接时必须保证高度相同，垂直拼接时必须保证宽度相同。

程序代码如下：

```
#代码路径:/第 2 章/stack.py
import numpy as np


t1 = np.array([[1, 2, 3, 4, 5],
```

```
                [6, 7, 8, 9, 10]])
print(t1.shape)
t2 = np.array([[11, 12, 13, 14, 15],
                [16, 17, 18, 19, 20]])
print(t2.shape)
#水平拼接
t3 = np.hstack((t1, t2))
#[[ 1  2  3  4  5 11 12 13 14 15]
#[ 6  7  8  9 10 16 17 18 19 20]]
print(t3)
print(t3.shape)
#垂直拼接
t4 = np.vstack((t1, t2))
print(t4)
```

2.3.3 Matplotlib 模块

Matplotlib 模块是基于 Python 的强大的图形绘制库之一。作为 MATLAB 在图形绘制方面最主要的开源替代品，Matplotlib 不但能够根据给定的数据在二维平面进行精细的图像绘制，而且可以根据需要拓展到 3D 立体图形和动画中。本节主要对 Matplotlib 进行简单介绍，并展示 Matplotlib 在数据分析过程中的常见用法及示例。

1. 使用 pyplot 绘制简单图像

程序描述：随机生成 5 个数作为 y 轴，生成 0～4 5 个数作为 x 轴，绘制 x-y 图像。

程序代码如下：

```
#代码路径:/第 2 章/simple_image_plot.py
#导入相应库
import numpy as np
import matplotlib.pyplot as plt
#创建 y 轴数组
y = np.random.random(size=5)
#输出 y
print(y)
#创建 x 轴数组
x = np.arange(5)
#绘制图像并显示
plt.plot(x, y)
plt.show()
```

输出结果如图 2-5 所示。

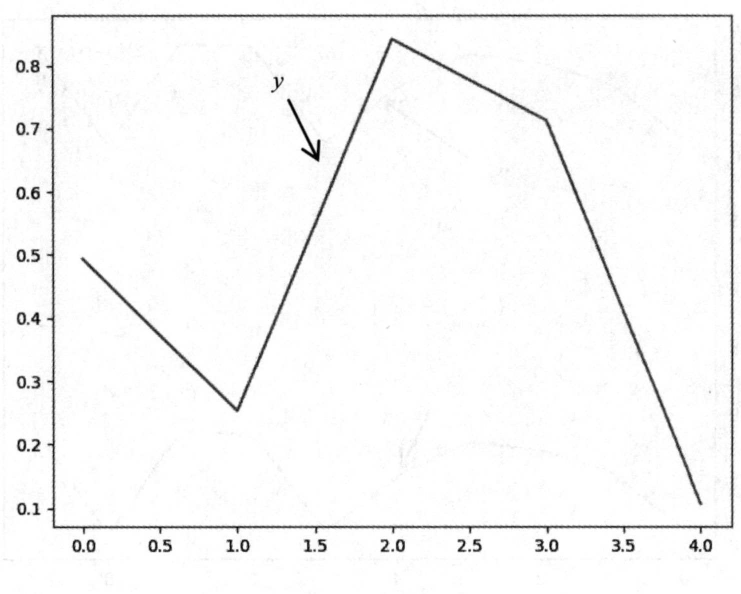

图 2-5　绘制简单图像

2. 在同一图中绘制多个图像

程序描述：随机生成 10 个数作为 y_1，y_2 在 y_1 的基础上向上平移 3；生成 0～9 10 个数作为 x 轴，绘制 x-y_1-y_2 图像。

程序代码如下：

```
#代码路径:/第 2 章/two_image_plot.py
#导入相应库
import numpy as np
import matplotlib.pyplot as plt
#创建 y 轴数组
y1 = np.random.rand(10)
#输出 y1
print(y1)
#创建平行于 y1，y 轴加 3 的 y2
y2 = y1 + 3
#创建 x 轴数组
x1 = range(10)
x2 = np.arange(10)
#绘制两个图像
plt.plot(x1, y1, x2, y2)
#调用 show 方法显示
plt.show()
```

输出结果如图 2-6 所示。

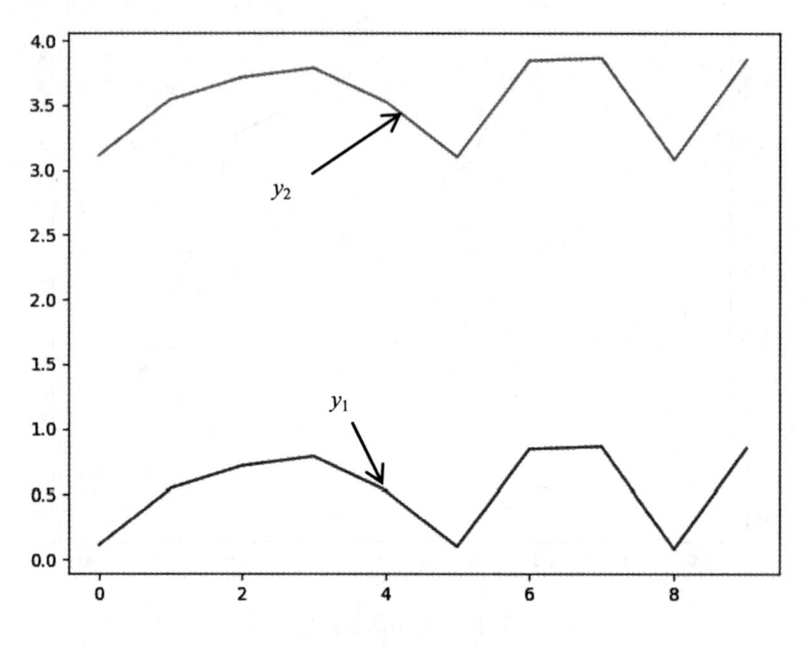

图 2-6　在同一图中绘制两个图像

3. 修改线条粗细

图像线条粗细可通过 plot 方法的参数 linestyle 进行控制。当需要加粗线条或者使线条变细时，可以通过给 linestyle 参数传入较大或者较小的值自定义线条宽度。

程序代码如下：

```
#代码路径:/第 2 章/linewidth.py
#导入相应库
import numpy as np
import matplotlib.pyplot as plt
#创建 x 轴数组
x = np.arange(10)
#创建 y 轴数组
y1 = x + 0.5
y2 = x ** 4
y3 = np.exp(x)
#绘制 3 组不同的数组
plt.plot(x, y1, linewidth=1)
plt.plot(x, y2, linewidth=4)
plt.plot(x, y3, linewidth=8)
#显示
plt.show()
```

输出结果如图 2-7 所示。

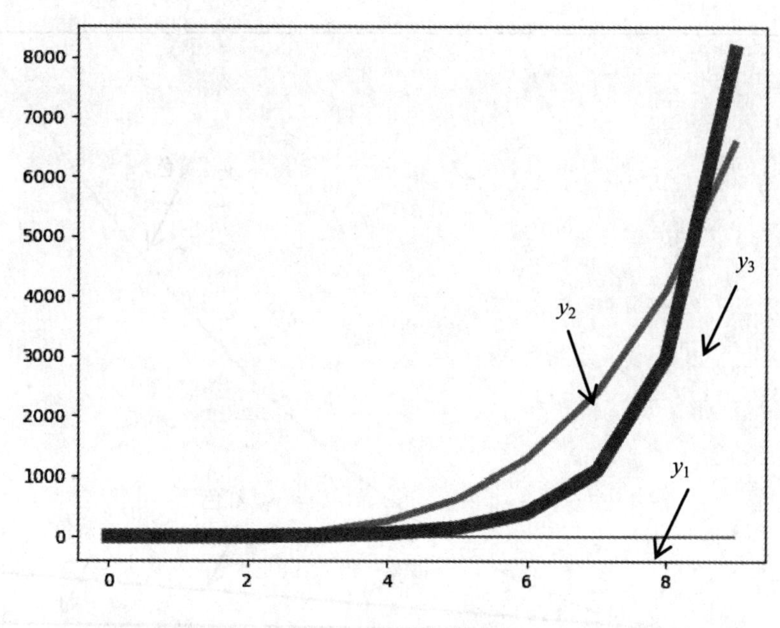

图 2-7　修改线条粗细

4. 修改线条的颜色与样式

线条上的实线或虚线，以及线条样式也是非常重要的区分线条的因素。常见的线条样式有方形、三角形以及星形。线条样式结合实线与虚线，能够产生不同的线条搭配。每种线条颜色都对应各自颜色的英文缩写首字母。

程序代码如下：

```
#代码路径:/第 2 章/color_shape.py
#导入相应库
import numpy as np
import matplotlib.pyplot as plt
#创建 x 轴数组
x = np.arange(10)
x= np.arange(10)
#创建 y 轴数组
y1 = x + 0.5
y2 = x ** 2
y3 = np.log(x + 1)
#给定 3 组数据，分别设置 3 种不同的颜色
plt.plot(x, y1, 'r')          #红色
plt.plot(x, y2, 'y')          #黄色
plt.plot(x, y3, 'b')          #蓝色
plt.show()
```

输出结果如图 2-8 所示。

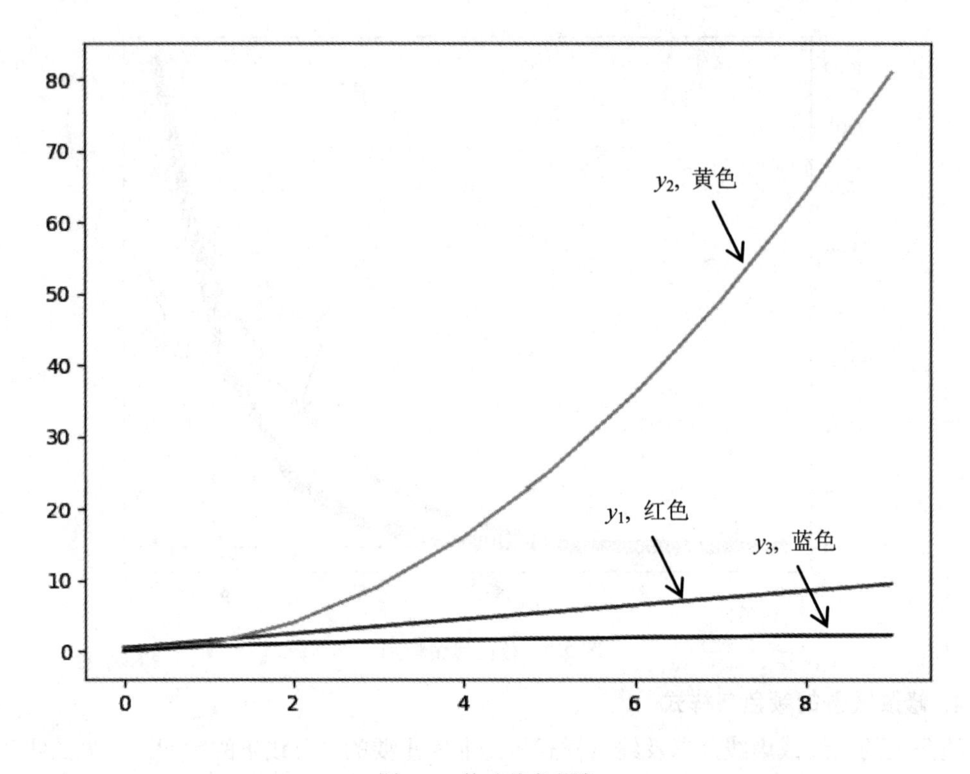

图 2-8　修改线条颜色

pyplot 中的 plot 方法也支持修改线条的样式以及决定是否使用虚线。

程序代码如下：

```
#代码路径:/第 2 章/color_shape2.py
#导入相应库
import numpy as np
import matplotlib.pyplot as plt
#创建 x 轴数组
x = np.arange(10)
#创建 y 轴数组
y1 = x + 0.5
y2 = x ** 2
y3 = np.log(x + 2)
#绘制 3 条曲线并显示
plt.plot(x, y1, '--')       #虚线
plt.plot(x, y2, 's')        #方块
plt.plot(x, y3, '*')        #星形
plt.show()
```

输出结果如图 2-9 所示。

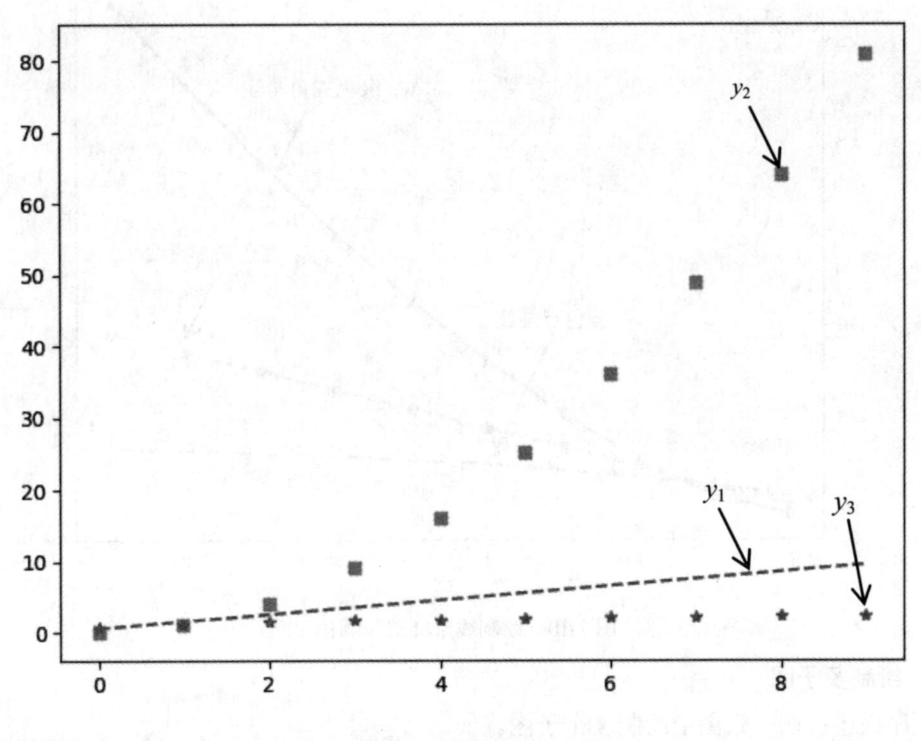

图 2-9　绘制线条样式

为了简化线条的指定样式，plot 方法支持灵活地通过一个字符串参数同时指定线条的样式和形状，并且能够通过字符串组合不同的样式、形状和颜色。

程序代码如下：

```
#代码路径:/第 2 章/color_shape3.py
import numpy as np
import matplotlib.pyplot as plt
#创建 x 轴数组
x = np.arange(10)
#创建 y 轴数组
y1 = x + 0.5
y2 = x ** 1.5
y3 = np.log2(x + 2)
#绘制 3 条曲线并显示
plt.plot(x, y1, 'ro--')      #红色圆形虚线
plt.plot(x, y2, 'g^-')       #绿色三角实线
plt.plot(x, y3, 'b-.')       #蓝色点画线
plt.show()
```

输出结果如图 2-10 所示。

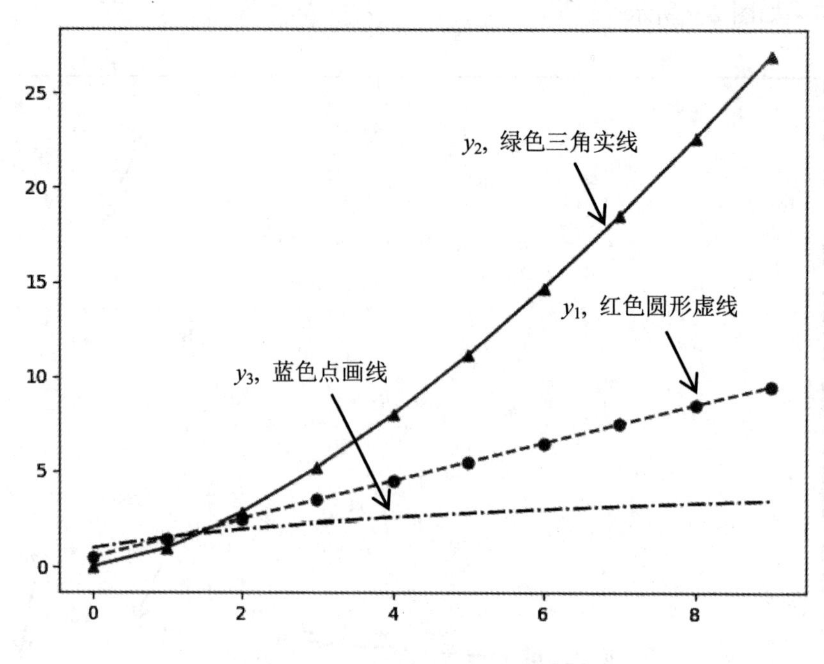

图 2-10　绘制线条样式和颜色

5. 绘制多子图

程序描述：在一张图中绘制 4 个子图。

程序代码如下：

```
#代码路径:/第 2 章/subplot.py
#导入相应库
import numpy as np
import matplotlib.pyplot as plt
#创建 x 轴数组
x = np.arange(10)
#创建 y 轴数组
y1 = x + 0.5
y2 = x ** 1.5
y3 = np.log2(2 * x + 1)
y4 = 1 / (x + 1) * np.sin(x)
#选择 2 × 2 中的第 1 个子图
plt.subplot(221)
plt.plot(x, y1, 'k')
#选择 2 × 2 中的第 2 个子图
plt.subplot(222)
plt.plot(x, y2, 'rs')
#选择 2 × 2 中的第 3 个子图
```

```
plt.subplot(223)
plt.plot(x, y3, 'g^--')
#选择 2 × 2 中的第 4 个子图
plt.subplot(224)
plt.plot(x, y4, 'bo-')
plt.show()
```

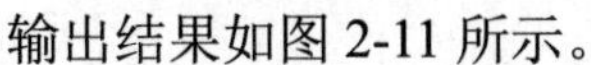

输出结果如图 2-11 所示。

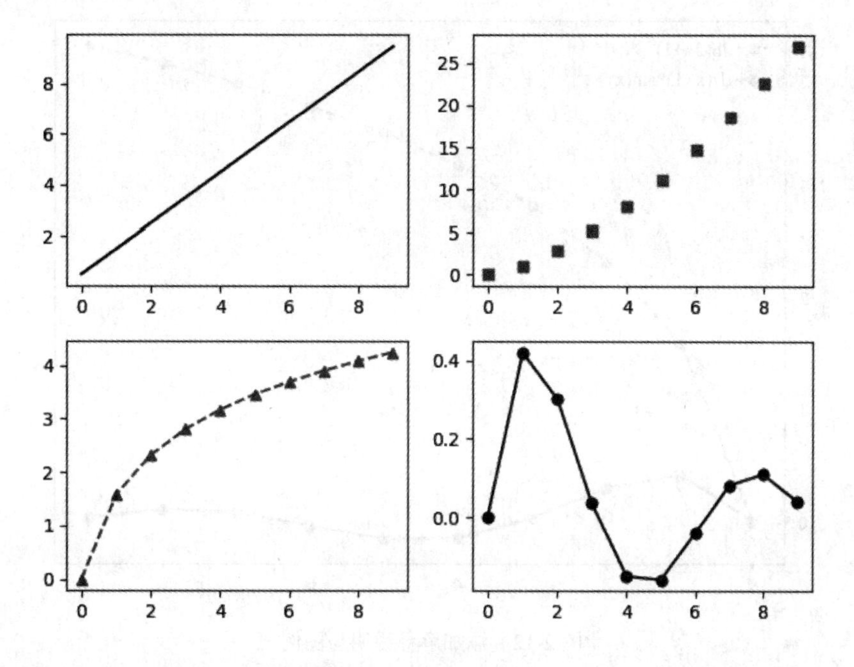

图 2-11　绘制多子图

6. 添加解释说明与图例

为了更好地理解图示信息，人们通常会在绘制好的图像上添加解释说明或者图例，文字结合图像的方式可以更好地传达图像内容。常见的例子是在绘制图像时对特殊位置通过箭头进行强调说明，以及在绘制的图像上通过图例方式说明具体的形状信息。

程序代码如下：

```
#代码路径:/第 2 章/legend.py
#导入相应库
import numpy as np
import matplotlib.pyplot as plt
#创建 x 轴数组
x = np.arange(10)
#创建 y 轴数组
y1 = np.log2(2 * x + 1)
y2 = 1 / (x + 1) * np.sin(x)
```

```
#通过 label 参数添加图例说明
plt.plot(x, y1, 'ro--', label='$log_2(2x + 1$)')
plt.plot(x, y2, 'bo-', label='$1/ (x + 1) * sin(x$)')
#通过 legend 方法显示图例
plt.legend()
plt.show()
```

输出结果如图 2-12 所示。

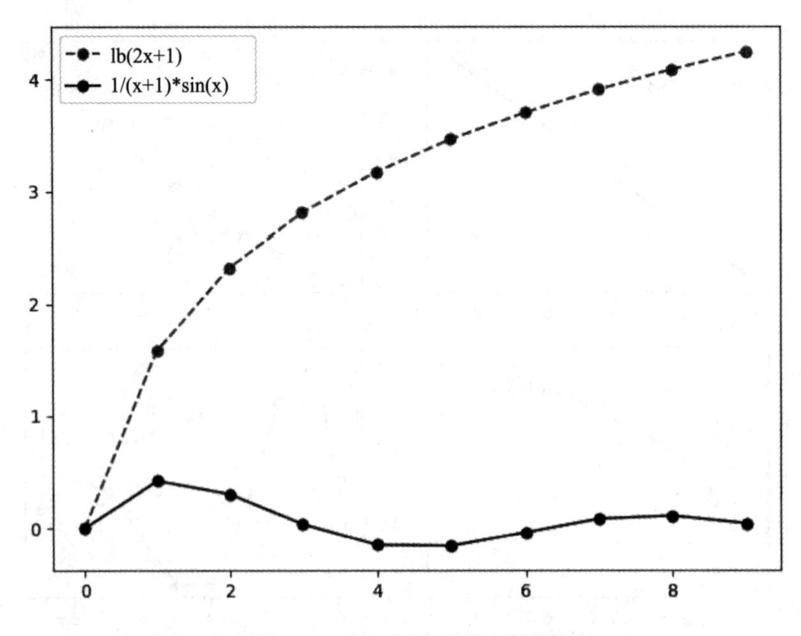

图 2-12　添加解释说明与图例

7. 定制坐标与辅助线

程序代码如下：

```
#代码路径:/第 2 章/label.py
#导入相应库
import numpy as np
import matplotlib.pyplot as plt
#创建 x 轴数组
x = np.arange(10)
#创建 y 轴数组
y= np.exp(-x) * np.sin(x)
#添加图例说明
plt.plot(x, y, 'bo--', label='$e^(-x) * sin(x$)')
plt.legend()
#设置横轴的精度为 1，范围为 0～9
plt.xticks(np.arange(10))
```

```
#加上辅助线
plt.grid(True)
#横轴名称
plt.xlabel("X 轴")
#纵轴名称
plt.ylabel("Y 轴")
#命名整个图
plt.title('图像')
plt.show()
```

输出结果如图 2-13 所示。

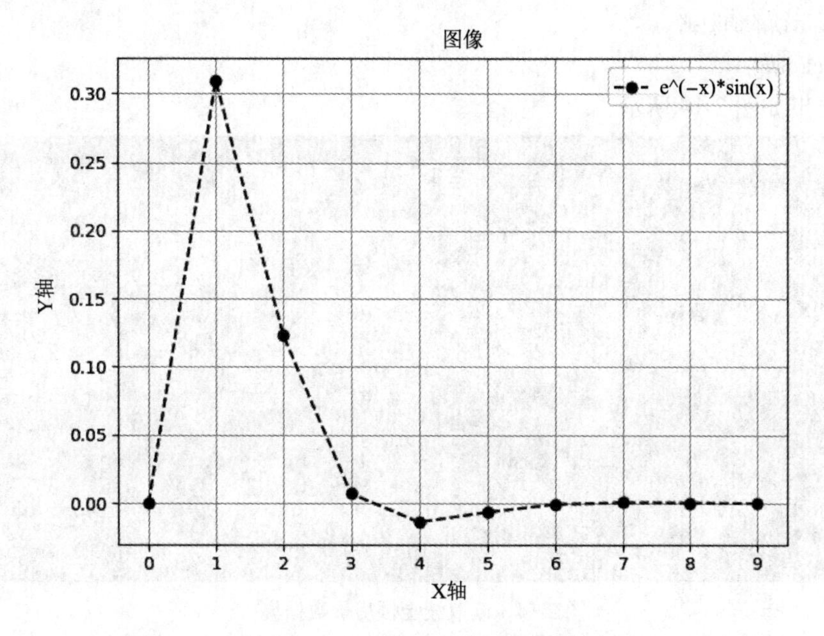

图 2-13　定制坐标与辅助线

2.3.4　Pandas 模块

Pandas 是基于 NumPy 和 Matplotlib 开发的功能强大而简洁的数据分析工具。Pandas 不仅提供了分析数据相应的编程接口，而且提供了处理时序数据的序列分析能力。本小节利用波士顿房价数据集，分析展示 Pandas 作为数据分析工具在数据集分析中的应用。波士顿房价数据集来源网址为 https://archive.ics.uci.edu/ml/machine-learning-databases/housing。

为方便区分文件，运行下列代码前已经将 housing.data 文件更名为 data.csv，将 housing.names 文件更名为 info.txt。

1. 读取.csv 文件

程序代码如下：

```
#代码路径:/第 2 章/read_csv.py
#导入 Pandas 库
```

```
import pandas as pd
#所有 14 列的列名，来自 info.txt
col_names = ['CRIM', 'ZN', 'INDUS', 'CHAS', 'NOX', 'RM', 'AGE',
             'DIS', 'RAD', 'TAX', 'PTRATIO', 'B', 'LSTAT', 'MEDV']
#读取数据文件
data = pd.read_csv('data.csv', header=None, sep=r'\s+', names=col_names)
#设置显示的最大列、宽等参数，消掉多余的省略号字符
pd.set_option('display.max_columns', 1000)
pd.set_option('display.width', 1000)
pd.set_option('display.max_colwidth', 1000)
#显示读取的数据
print(data)
```

输出结果如图 2-14 所示。

```
C:\ProgramData\Anaconda3\envs\py36\python.exe D:/documents/pycharmprojects/week3_2/demo1.py
        CRIM    ZN  INDUS  CHAS    NOX     RM   AGE     DIS  RAD    TAX  PTRATIO       B  LSTAT  MEDV
0    0.00632  18.0   2.31     0  0.538  6.575  65.2  4.0900    1  296.0     15.3  396.90   4.98  24.0
1    0.02731   0.0   7.07     0  0.469  6.421  78.9  4.9671    2  242.0     17.8  396.90   9.14  21.6
2    0.02729   0.0   7.07     0  0.469  7.185  61.1  4.9671    2  242.0     17.8  392.83   4.03  34.7
3    0.03237   0.0   2.18     0  0.458  6.998  45.8  6.0622    3  222.0     18.7  394.63   2.94  33.4
4    0.06905   0.0   2.18     0  0.458  7.147  54.2  6.0622    3  222.0     18.7  396.90   5.33  36.2
..       ...   ...    ...   ...    ...    ...   ...     ...  ...    ...      ...     ...    ...   ...
501  0.06263   0.0  11.93     0  0.573  6.593  69.1  2.4786    1  273.0     21.0  391.99   9.67  22.4
502  0.04527   0.0  11.93     0  0.573  6.120  76.7  2.2875    1  273.0     21.0  396.90   9.08  20.6
503  0.06076   0.0  11.93     0  0.573  6.976  91.0  2.1675    1  273.0     21.0  396.90   5.64  23.9
504  0.10959   0.0  11.93     0  0.573  6.794  89.3  2.3889    1  273.0     21.0  393.45   6.48  22.0
505  0.04741   0.0  11.93     0  0.573  6.030  80.8  2.5050    1  273.0     21.0  396.90   7.88  11.9

[506 rows x 14 columns]

Process finished with exit code 0
```

图 2-14　读取波士顿房价数据集

Pd.read-csv 函数中，第 1 个参数为 .csv 文件路径。第 2 个参数 header 指示 Pandas 如何处理 .csv 的首行数据，此处为将首行也视为数据行进行处理。第 3 个参数 sep 用于指定每列属性之间的分隔符。由于本数据中空格数目可变，因此这里传入的 sep 参数是正则表达式，其含义是将一个或多个连续空格视为分隔符。第 4 个参数 names 传入预先指定的列名信息，以标明每列信息的含义。

2. 截取数据与描述数据

程序代码如下：

```
#代码路径:/第 2 章/read_csv.py
#截取数据的前 10 行并显示
first_10 = data.head(10)
print(first_10)
#截取数据的后 10 行并显示
last_10 = data.tail(10)
```

```
print(last_10)
#获取数据的属性描述
print(data.describe())
#获取数据类型及其他信息
print(data.info())
```

3. 数据可视化

下面用 3 个例子说明数据可视化的代码实现方法。

(1) 程序描述：导入数据后绘制折线图。

程序代码如下：

```
#代码路径:/第 2 章/line_image.py
import matplotlib.pyplot as plt
from demo1 import data
#分别绘制 INDUS 和 AGE 属性的折线图
data.INDUS.plot(kind='line', color='g', label='INDUS', linewidth=2, grid=True, linestyle='-')
data.AGE.plot(kind='line', color='r', label='AGE', linewidth=1.5, grid=True, linestyle=':')
#显示图例
plt.legend()
#命名图形、横轴和纵轴，并显示
plt.title(AGE 及 INDUS 两列数据折线图)
plt.xlabel('x 轴')
plt.ylabel('y 轴')
plt.show()
```

输出结果如图 2-15 所示。

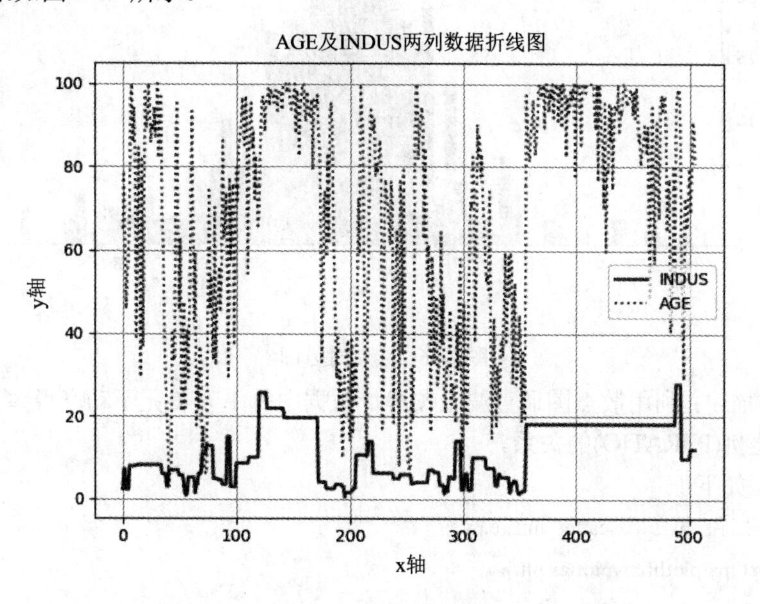

图 2-15　绘制折线图

(2) 程序描述：导入数据后绘制直方图。

程序代码如下：

```
#代码路径:/第 2 章/hist_image.py
import matplotlib.pyplot as plt
from demo1 import data
#绘制 RM 属性的直方图
data.RM.plot(kind = 'hist', bins = 60)
#显示图例
plt.legend()
#命名图像、横轴和纵轴，并显示
plt.title('RM 列数据直方图')
plt.xlabel('x 轴')
plt.ylabel('y 轴')
plt.show()
```

输出结果如图 2-16 所示。

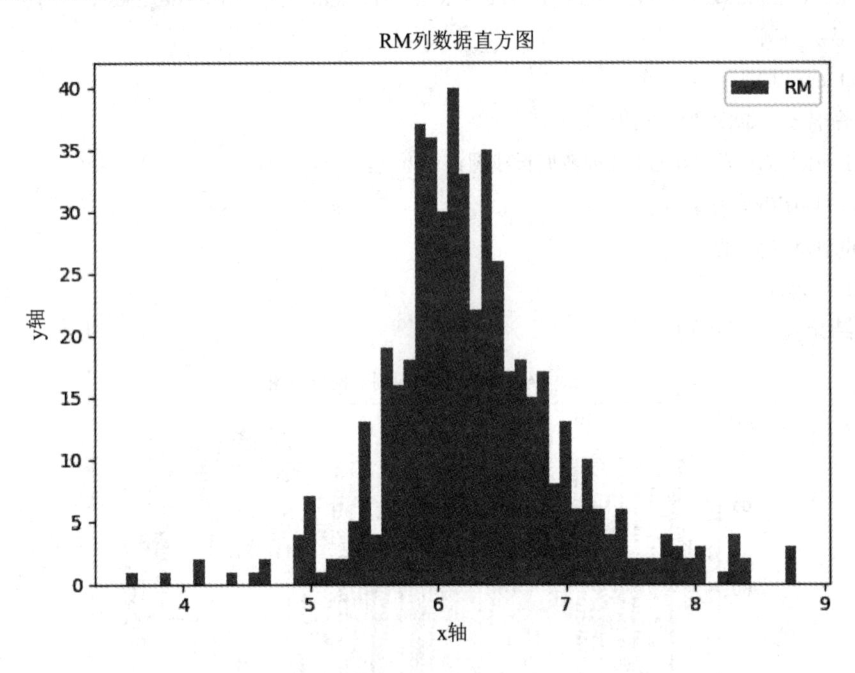

图 2-16　绘制直方图

(3) 程序描述：利用散点图调查波士顿房价数据中每 1 万美元不动产税率 TAX 与城镇中教师学生比例(PTRATIO)的关系。

程序代码如下：

```
#代码路径:/第 2 章/scatter_image.py
import matplotlib.pyplot as plt
from demo1 import data
#绘制散点图，设置透明度百分比为 0.3
```

```
data.plot(kind='scatter', x='TAX', y='PTRATIO', color='r', alpha=0.3)
#命名图像、横轴和纵轴，并显示
plt.title('TAX 列和 PTRATIO 列数据的散点图')
plt.xlabel('TAX 列数据')
plt.ylabel('PTRATIO 列数据')
plt.show()
```

输出结果如图 2-17 所示。

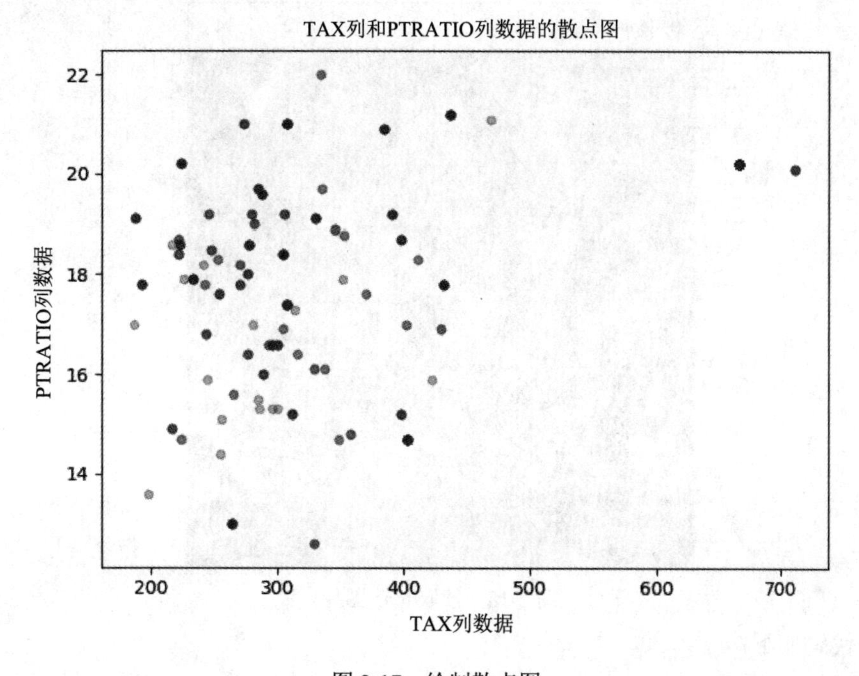

图 2-17　绘制散点图

2.3.5　OpenCV 模块

OpenCV 模块实现了图像处理和计算机视觉方面的很多通用算法，已成为计算机视觉领域最有力的研究工具。图像处理侧重于“处理”图像——如增强、还原、去噪、分割等。OpenCV 的应用领域包括机器人视觉、模式识别、机器学习、工厂自动化生产线产品检测、医学影像、摄像机标定、遥感图像等，OpenCV 可以解决的问题有人机交互、机器人视觉、运动跟踪、图像分类、人脸识别、物体识别、特征检测、视频分析、深度图像等。

程序代码如下：

```
#代码路径/02. 基本元素-图片/cv2_excises1.py
import cv2
#读入图片
img = cv2.imread('lena.jpg')
#图像显示
cv2.imshow('lena', img)
```

```
#cv2.waitKey()表示让程序暂停，参数是等待时间(ms)。时间一到，程序会继续执行接下来的程序。
#如果传入 0，则表示一直等待。等待期间也可以获取用户的按键输入：k = cv2.waitKey(0)
k = cv2.waitKey(0)
#ord()用来获取某个字符的编码
if k == ord('s'):
    cv2.imwrite('lena_save.bmp', img)
```

上述程序的功能是使用 OpenCV 读入一张图像并显示，输出结果如图 2-18 所示。

图 2-18　读取 lena 图片

程序代码如下：

```
import os
import cv2
input_path = "./imgs"
#root 为当前正在遍历的该文件夹的本身的地址
#dirs 为 list，内容是该文件夹中的所有目录的名字(不包括子目录)
#files 为 list，内容是该文件夹中的所有文件(不包括子目录)
for root, dirs, files in os.walk(input_path, topdown=False):
    for name in files:
        print(os.path.join(root, name))
        cur_img_path = os.path.join(root, name)
        img = cv2.imread(cur_img_path)
        if img is None:
            print("无法读取图片")
        else:
            size = (500, 500)
            #缩放图像
```

```
    scale_img = cv2.resize(img, size,
                           interpolation=cv2.INTER_AREA)
    print(scale_img.shape)
    cv2.imshow("hello_win", scale_img)
    cv2.waitKey(1000)
```

上述程序的功能是将一个文件夹中的所有图像缩放成相同大小，并且通过 OpenCV 界面进行显示。

第 3 章　深度学习基本入门与进阶

本章引入两个实例来说明深度学习基本原理：逻辑“与”问题和“三好学生”问题。其中，逻辑“与”问题数据参数输入较少，建立一个简单的基于深度学习案例，利用深度学习基本原理来推导感知器模型；“三好学生”问题不使用深度学习框架，而是从 0 到 1 建立一个算法模型，通过随机产生数据，使用梯度下降方法训练对应的参数，并确认训练好的参数是否与预先设置的权重值一致，以此来验证模型的准确性。

在逻辑“与”和“三好学生”问题中，通过程序随机产生的数据与标签产生数据集，使用数据集可以进行模型的训练。本章在进行模型训练时采用了梯度下降法，通过每次更新权重参数 w 以及偏置参数 b 的微小变化来更新参数，每次更新的参数都向接近于标签结果的方向移动。这样经过多次训练迭代，就会得到理想的参数结果。

本章技能目标：

(1) 理解深度学习基本原理，理解三好学生例子中的参数在深度学习中的意义；

(2) 掌握神经网络的基本原理，理解权重参数 w 与偏置 b 的意义与作用，并且能够进行三好学生参数的推导；

(3) 掌握感知器的基本定义，学会使用梯度下降法训练感知器参数；

(4) 掌握数据集的定义，以及数据和标签的含义，并且掌握文件读写操作，利用控制数据输出格式产生数据集；

(5) 掌握数据集读取方法与模型训练方法；

(6) 理解深度学习中数据训练过程与预测过程的区别。

3.1　深度学习基本原理入门

随着当今计算机计算能力的提高和大数据时代海量数据资源的增长，深度学习作为人工智能领域中一支强大的分支算法，以其罕见的通用性和远远超过原先方法的处理能力，在自然语言处理、计算机视觉等领域展现了惊人的效果。本节自底向上介绍深度学习的基本原理，涉及少量数学知识。

3.1.1　案例一：逻辑“与”问题

表 3-1 所示为逻辑“与”逻辑关系，其中 x_1、x_2 为输入，y 为输出。

表 3-1　逻辑“与”逻辑关系

x_1	x_2	y
0	0	0
0	1	0
1	0	0
1	1	1

基于 1.1.3 节和 1.1.4 节的内容，使用神经网络表述该问题，如图 3-1 所示。

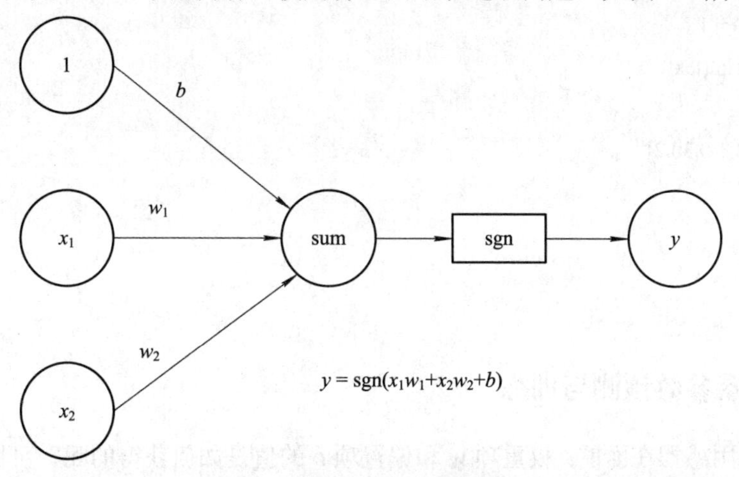

图 3-1　逻辑“与”神经网络表示

此时只要寻找到合适的 w_1、w_2、b 以及激活函数 sgn，就可以准确预测任意输入的 x_1、x_2 的输出结果。此处先给出 w_1、w_2、b 的值并进行验证，“与”逻辑输出可以使用下面的公式进行推导。

$$\boldsymbol{W} = [w_1, w_2]$$

$$\boldsymbol{X} = [x_1, x_2]$$

$$y = f(\boldsymbol{X}\boldsymbol{W}^{\mathrm{T}} + b)$$

其中：

$$f(z) = \begin{cases} 1 & z>0 \\ 0 & \text{其他} \end{cases}$$

当 $\boldsymbol{W} = [0.5, 0.5]$，$b = -0.8$ 时，能够准确预测该逻辑关系。

程序代码如下：

```
#代码路径:/第 3 章/逻辑“与”问题/and.py
import numpy as np
def f(z):
    if (z > 0):
        return 1
    else:
```

```
            return 0
    W = np.array([0.5, 0.5])
    X = np.array([[0, 0], [0, 1], [1, 0], [1, 1]])
    Y = [0, 0, 0, 1]
    Ytest = np.matmul(X, W.T) - 0.8
    print(Ytest)
    text = np.ones((len(Y), 1))
    for i in range(0, 4):
        text[i] = f(Ytest[i])
        i += 1
        print(text)
```

输出结果：

```
[-0.8-0.3-0.30.2]
[[0.]
[0.]
[0.]
[1.]]
```

3.1.2 感知器参数预测与训练

现在一个困惑摆在面前：权重项 w 和偏置项 b 的值是如何获得的呢？可以使用深度神经网络进行模型训练，将权重项和偏置项初始化为 0，利用如下感知器规则迭代地修改 w 和 b，直到训练完成：

$$w \leftarrow w + \Delta w$$

$$b \leftarrow b + \Delta b$$

式中：

$$\Delta w = \eta(t-y)x_i$$

$$\Delta b = \eta(t-y)$$

式中：w 为与输入 x_i 对应的权重项；b 为偏置项；t 为训练样本的实际值，一般称为标签(label)；y 为预测的输出值；η 为学习率的常数，其作用是控制每一步调整权值的幅度。

每次从训练数据中取出一个样本的输入向量 $\boldsymbol{x}$，使用感知器计算其输出 $\boldsymbol{y}$，再根据上面的规则调整权重。每处理一个样本就调整一次权重，经过多轮迭代后(全部的训练数据被反复处理)，就可以训练出感知器的权重，使之实现目标函数。

逻辑“与”问题即可使用以上感知器训练算法训练出权重 w 和偏置 b。

程序代码如下：

```
#代码路径:/第 3 章/逻辑“与”问题/and_train.py
import numpy as np
samples_and = np.array([[0, 0, 0], [1, 0, 0], [0, 1, 0], [1, 1, 1]])
def perception(samples):
```

```
    #权重，初始化所有值为 0
    w = np.array([0, 0])
    #偏置
    b = 0
    #效率初始化
    a = 1
    #训练 20 遍
    for i in range(20):
        for j in range(4):
            #矩阵的第 j 行的前两个数值
            x = np.array(samples[j][:2])
            #将未激活的值输入 Sigmoid 函数。dot 为向量的点乘运算
            if np.dot(w, x) + b > 0:
                y = 1
            else:
                y = 0
            #真实值
            d = np.array(samples[j][2])
            delta_b = a * (d - y)
            delta_w = a * (d - y) * x
            print('i=%d,j=%d,w[0]=%.3f,w[1]=%.3f,b=%.3f,y=%.3f,delta_w[0]=%.3f,\
            delta_w[1]=%.3f'%(i, j, w[0], w[1], b, y, delta_w[0], delta_w[1]))
            #反向传播，更新权重
            w = w + delta_w
            b = b + delta_b
if __name__ == '__main__':
    print('logical and：')
    perception(samples_and)
```

输出结果：

```
logical and：
i=0,j=0,w[0]=0.000,w[1]=0.000,b=0.000,y=0.000,delta_w[0]=0.000,delta_w[1]=0.000
i=0,j=1,w[0]=0.000,w[1]=0.000,b=0.000,y=0.000,delta_w[0]=0.000,delta_w[1]=0.000
i=0,j=2,w[0]=0.000,w[1]=0.000,b=0.000,y=0.000,delta_w[0]=0.000,delta_w[1]=0.000
i=0,j=3,w[0]=0.000,w[1]=0.000,b=0.000,y=0.000,delta_w[0]=1.000,delta_w[1]=1.000
...
i=19,j=0,w[0]=1.000,w[1]=2.000,b=-2.000,y=0.000,delta_w[0]=0.000,delta_w[1]=0.000
i=19,j=1,w[0]=1.000,w[1]=2.000,b=-2.000,y=0.000,delta_w[0]=0.000,delta_w[1]=0.000
i=19,j=2,w[0]=1.000,w[1]=2.000,b=-2.000,y=0.000,delta_w[0]=0.000,delta_w[1]=0.000
i=19,j=3,w[0]=1.000,w[1]=2.000,b=-2.000,y=1.000,delta_w[0]=0.000,delta_w[1]=0.000
```

由输出结果可知，经过多次迭代后，$w[0]$、$w[1]$和 b 的值最终趋于稳定，在 $w[0]=1$，$w[1]=2$，$b=-2$ 时可以准确描述输入与输出的逻辑关系，最终训练出感知器的权重，实现了目标函数。

3.2 深度学习基本原理进阶

3.2.1 案例二："三好学生"问题

三好学生的"三好"指的是品德好、学习好、体育好。要进行三好学生评选，就需要量化评价参数，即学校应根据德育分、智育分和体育分 3 项分数计算一个总分，并根据总分确定谁能够被评选为三好学生。假设某个学校计算总分的规则是德育分占 72%，智育分占 20%，体育分占 8%，公式如下：

$$三好学生总分 = 德育分 \times 72\% + 智育分 \times 20\% + 体育分 \times 8\%$$

把百分比转换成小数，即

$$三好学生总分 = 德育分 \times 0.72 + 智育分 \times 0.20 + 体育分 \times 0.08$$

假设一个学生对应的德育分为 80 分，智育分为 90，体育分为 70，则通过以下程序可以计算得到三好学生总分。

```
#代码路径:/第 3 章/"三好学生"问题/student_problem.py
x1 = 80
x2 = 90
x3 = 70
w1 = 0.72
w2 = 0.20
w3 = 0.08
n1 = x1 * w1
n2 = x2 * w2
n3 = x3 * w3
y = n1 + n2 + n3
print(y)
```

运行程序后，可以得到三好学生总分 $y=81.2$。可以看到，计算三好学生总成绩的公式，实际上是把 3 项分数各自乘以一个权重值，然后相加求和。假设学生家长并不知道该计算规则中的权重参数，那么应如何获取呢？这就是要解决的"三好学生"问题的背景。

三好学生的参数推算问题可以使用深度神经网络解决，如图 3-2 所示。从图 3-2 中可以看到，深度神经网络的结构包含输入层、隐藏层和输出层。其中，输入层和输出层的神经元是固定的，隐藏层可以是多个层，输出节点 y 可以表示为 $y=x_1w_1+x_2w_2+x_3w_3$。

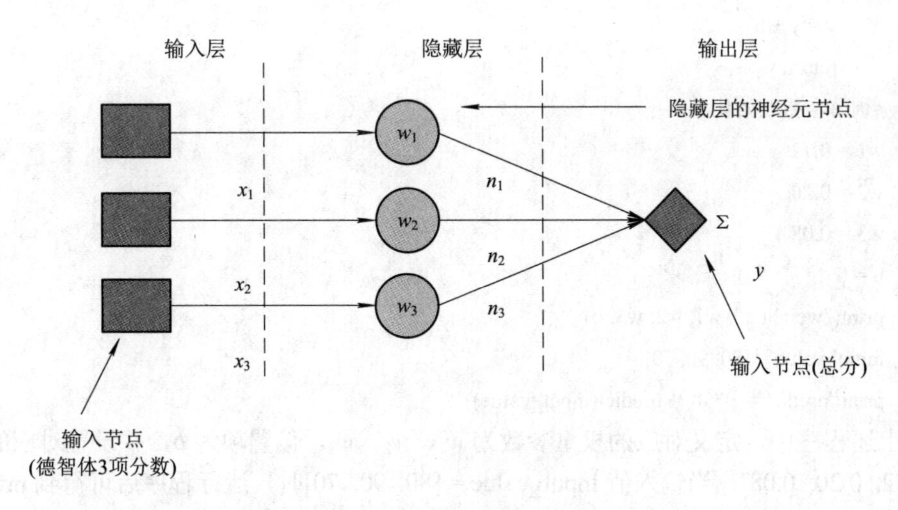

图 3-2　深度神经网络的结构

3.3.2　感知器参数预测与训练

根据 3.1.2 节的感知器预测方法，编写代码实现三好学生感知器模型的训练与预测。

1. 已知权重参数进行预测

程序代码如下：

```
#代码路径:/第 3 章/“三好学生”问题/predict.py
#预测值
def predict(input_vec):
    x1 = input_vec[0]
    x2 = input_vec[1]
    x3 = input_vec[2]
    n1 = x1 * w1
    n2 = x2 * w2
    n3 = x3 * w3
    y = n1 + n2 + n3
    y = y + b
    return y
def predict(input_vec):
    x1 = input_vec[0]
    x2 = input_vec[1]
    x3 = input_vec[2]
    n1 = x1 * w1
    n2 = x2 * w2
    n3 = x3 * w3
    y = n1 + n2 + n3
```

```
        y = y + b
        return y
    #训练参数初始化
    w1 = 0.72
    w2 = 0.20
    w3 = 0.08
    b = 0
    print("weight : ", w1, w2, w3, b)
    input_value = [80, 90, 70]
    print('predict =    %f' % predict(input_value))
```

在上述程序中，定义对应的权重参数为 w_1、w_2、w_3，偏置项为 b，并设置对应的权重 $w = [0.72, 0.20, 0.08]$。当输入值 input_value = [80, 90, 70]时，运行程序后可得到 predict = 81.200000。

2. 产生数据集

为了更好地了解感知器权重参数的设置，验证训练后的权重参数与预先设置的权重参数是否一致，需要制作数据集来验证训练权重参数。

程序代码如下：

```
#代码路径:/第 3 章/“三好学生”问题/gen_data.py
import random
fp = open("./sanhao_chengji.txt", "w", encoding="utf-8")
def calc_label(x1, x2, x3):
  w1 = 0.72
    w2 = 0.20
    w3 = 0.08
    n1 = x1 * w1
    n2 = x2 * w2
    n3 = x3 * w3
    y = n1 + n2 + n3
    return int(y)
for i in range(1000):
    x1 = random.randint(30, 100)
    x2 = random.randint(30, 100)
    x3 = random.randint(30, 100)
    label = calc_label(x1, x2, x3)
#cnt[label] += 1
fp.write("{0} {1} {2} {3}\n".format(x1, x2, x3, label))
fp.close()
```

上述程序就是三好学生的例子中产生数据集的代码，首先随机产生德育分、智育分和体育分值作为数据，然后生成对应的三好学生分值作为标签，最后输出到文件中保存。

3. 感知器参数训练

下面是感知器参数训练过程的代码实现，利用之前的预测过程，在训练时对之前公式中的权重参数进行更新。值得说明的是，正常训练时，偏置 *b* 参数也会进行更新，此处强制为 0，不进行更新，以便与之前定义的权重进行对比。

程序代码如下：

```
#代码路径:/第 3 章/“三好学生”问题/dnn_train.py
#训练参数初始化
w1 = 0
w2 = 0
w3 = 0
b = 0
#预测值
def predict(input_vec):
    x1 = input_vec[0]
    x2 = input_vec[1]
    x3 = input_vec[2]
    n1 = x1 * w1
    n2 = x2 * w2
    n3 = x3 * w3
    y = n1 + n2 + n3
    y = y + b
    return y
#更新权重参数
def update_weights(input_vec, output, label, rate, w1, w2, w3, b):
    x1 = input_vec[0]
    x2 = input_vec[1]
    x3 = input_vec[2]
    delta = label - output
    w1 = w1 + rate * delta * x1
    w2 = w2 + rate * delta * x2
    w3 = w3 + rate * delta * x3
    b += 0
    return w1, w2, w3, b
#训练参数
def train(input_vecs, labels):
    rate = 0.0001
    print(input_vecs)
```

```
    #所有样本训练次数
    for epoch in range(10):
        #依次读取每个样本
        for i in range(len(input_vecs)):
            #预测
            output = predict(input_vecs[i])
            label = labels[i]
            loss = label - output
            print("loss :", loss)
            global w1, w2, w3, b
            w1, w2, w3, b = update_weights(input_vecs[i], output, label, rate,
             w1, w2, w3, b)
#获取数据和标签
def get_data(path):
    train_data = []
    train_labels = []
    test_labels = []
    with open(path) as ifile:
        for line in ifile:
            tokens = line.strip().split(' ')
            data = [int(tk) for tk in tokens[:-1]]
            label = tokens[-1]
            train_data.append(data)
            train_labels.append(int(label))
    return train_data, train_labels
data_path = './sanhao_chengji.txt'
input_vecs, labels = get_data(data_path)
print(len(input_vecs))
train(input_vecs, labels)
print("weight : ", w1, w2, w3, b)
input_value = [80, 90, 70]
print('predict =    %f' % predict(input_value))
```

通过命令行执行上述程序，输出结果如下：

```
loss : 68
loss : -18.03840000000001
...
loss : 0.5017972218682587
loss : 0.21833888756827236
loss : -0.6294064397735113
```

```
loss : 0.5714610415268169
loss : 0.35370207938142073
loss : -0.9397212716096135
loss : 0.37418846791725
loss : -0.2068928937893233
weight :   0.7212516273923458 0.20089826753169182 0.06971040325337986 0
predict = 80.660702
```

由输出结果可知，感知器完全实现了三好学生权重参数训练函数，训练出来的权重经四舍五入后分别约为 0.72、0.20、0.07。使用训练出来的权重参数预测[80, 90, 70]，得到的值约为 80.66，与前述预测设定的权重参数计算出来的结果 81.200000 基本一致。在该程序数据训练过程中，学习率非常重要，在不影响速度的情况下应尽量将其设置为较小数值，如本程序将其设置为 0.0001 即能得到较好的预测结果。如果学习率设置过大，则无法得到较高的准确率，用户可以自己尝试设置不同的学习率。

第 4 章　Keras“三好学生”训练与预测实战

本章引入一个简单的问题：如何评判三好学生？假设一个学生的德育分是 85，智育分是 96，体育分是 75，那该生是否是三好学生呢？本章通过 Keras 建立一个三好学生模型，作为三好学生的判断工具。当该模型训练完成后，只需输入德育分、智育分、体育分，即可得出该生是否是三好学生的结论。

三好学生模型建模思路如下：首先使用深度学习框架 Keras 建立深度学习网络结构；然后使用自己产生的数据集对算法模型进行训练，在模型训练中使用与设置梯度下降法，更新对应的权重参数；最后得到一个训练成功的模型，对训练后的参数进行验证。

本章技能目标：

(1) 理解深度学习框架的基本原理，掌握深度学习参数的训练方法；

(2) 掌握深度学习框架中感知器的构建方法，学会训练感知器参数；

(3) 熟悉数据集的定义和构建方法，能够区分数据和标签，掌握数据集文件的读写操作。

4.1　Keras 简 介

为了简化深度学习开发复杂度，提高开发效率，可以使用 Keras 框架快速搭建神经网络。Keras 是一个上层的神经网络学习库，使用纯 Python 编写，集成了 TensorFlow 和 Theano 深度学习框架。Keras 可以作为高阶应用程序接口进行深度学习模型的设计、调试、评估、应用和可视化，并且支持现代人工智能领域的主流算法。Keras 在代码结构上面向对象编写，完全模块化，并具有可扩展性，能够简化复杂算法的实现难度。

Keras 具有如下特点：

(1) 模块化。模型可被理解为由独立的、完全可配置的模块构成的序列。模块能够以尽可能少的限制组装在一起构建新模型，如利用神经网络层、损失函数、优化器、初始化方法、激活函数、正则化方法等模块可以构建一个新模型。

(2) 易扩展性。新的模块能够很容易地被添加到模型中，主要是作为新的类或函数进行添加。用户在充分利用已有模块的同时，可以把重点放在新模块的开发上。

(3) 基于 Python 实现。模型使用 Python 代码编写，其代码紧凑、易于调试和扩展。

Keras 深度学习框架通过使用命令“pip install keras == 2.2.4”进行安装，但应注意，在安装前必须预装 TensorFlow、Theano、MicrOSoft-CNTK 中的至少一个。本书使用 TensorFlow 1.14.0 版本作为后端架构(详细安装方法见 1.2 节)，在此基础上直接使用上述安装命令即可完成 Keras 的安装。

与 TensorFlow 框架不同，Keras 简化了深度学习开发流程。TensorFlow 是一个已经封装好的框架，通常一个简单的神经网络需要很多行代码才能实现。假设要实现某一功能，用 TensorFlow 要写 10 行代码；第三方框架 Keras 可以将其封装成一个函数，则用 1 行就能够达到与 TensorFlow 10 行代码相同的效果。因此，使用 Keras 进行深度学习开发要简便很多，不仅能节约时间，而且可以很快实现用户的想法。

下面介绍 Keras 中的一个基本概念——张量(tensor)。张量可以看作向量、矩阵的自然推广，用来表示广泛的数据类型，对应线性代数中的多维向量矩阵。0 阶张量即标量，即一个数，如三好学生案例中对应的 3 个分数即为 1 阶张量；1 阶张量是一个向量；2 阶张量是一个矩阵，如一张灰度图像即为 2 阶向量，水平方向表示宽，垂直方向表示高；3 阶张量可以称为一个立方体，如具有 3 个颜色通道的彩色图片就是一个这样的立方体；把立方体摞起来就是 4 阶张量，其是一个数学上的概念，此处不必深究。

张量的阶数也称为维度或轴。例如，矩阵 [[1, 2], [3, 4]] 就是一个 2 阶张量，其有两个维度或轴。沿着第 0 个轴(为了与 Python 的计数方式一致，维度和轴从 0 算起)看到的是 [1, 2]、[3, 4] 两个向量，沿着第 1 个轴看到的则是 [1, 3]、[2, 4] 两个向量。要理解“沿着某个轴”的含义，可通过 NumPy 库定义张量，并尝试运行如下代码：

```
import numpy as np
a = np.array([[1, 2], [3, 4]])
sum0 = np.sum(a, axis=0)
sum1 = np.sum(a, axis=1)
print(sum0)
print(sum1)
```

模型是 Keras 的核心数据结构，它是一种组织网络层的方式。Keras 有两种类型的模型：序贯模型(Sequential)和函数式模型(Model)。其中，序贯模型是 Keras 中的主要模型，它是一系列网络层按顺序构成的栈；函数式模型一般用来建立更复杂的模型。序贯模型和函数式模型的特点如下：

(1) 序贯模型：只有单输入单输出，层与层之间直接相邻，没有跨层连接。序贯模型编译速度快，且操作简单，是目前大多数情况下使用的模型，本书中也主要使用这种模型。

(2) 函数式模型：多输入多输出，层与层之间可任意连接，编译速度慢。

下面以序贯模型为例介绍 Keras 的简单应用。序贯模型由多个网络层直接线性堆叠而成，其定义如下：

```
from keras.models import Sequential
model = Sequential()
```

可以简单地使用 add 函数堆叠模型。例如，下面的代码就用 add 函数叠加了两个训练层，实现了一个全连接网络(多层感知器)。其中，第一个训练层有 64 个神经元，输入尺寸为 100；第二个训练层有 10 个神经元，即输出层。

```
from keras.layers import Dense
model.add(Dense(units=64, activation='relu', input_dim=100))
model.add(Dense(units=10, activation='Softmax'))
```

完成模型构建后，可以使用 compile 函数配置学习过程，即进入模型的编译阶段。在 compile 函数中接收三个参数，即优化器(optimizer)、损失函数(loss)和评估标准(metrics)，具体如下：

```
model.compile(loss='categorical_crossentropy',
              optimizer='sgd',
              metrics=['accuracy'])
```

通常使用 fit 函数进行模型训练，在训练过程中可以批量地在训练数据上进行迭代。例如，下面的代码就是批量训练 32 组数据，其中 x 表示数据，y 表示标签，epochs 表示训练 5 次，batch_size 表示一次读入 32 张图片：

```
model.fit(x_train, y_train, epochs=5, batch_size=32)
```

只需一行代码就能评估模型的性能。例如，下列代码使用测试集评估模型，其中设置了一次读入图片数量 batch_size 为 128。

```
loss_and_metrics = model.evaluate(x_test, y_test, batch_size=128)
```

通过上面的简单实例可以看出，使用 Keras 可以快速建立一个多层感知器网络，并且能够简便地进行编译、训练和评估模型准确度等。也就是说，Keras 是一个对初学者十分友好的框架，使用它搭建深度学习环境时无需掌握复杂的数据流程以及关于网络层定义的细节问题。

4.2 Keras 案例实战

第 3 章实现了从 0 到 1 构建一个神经网络，但是这种方法非常低效，且用户需要具备网络训练、求导、反向传播等知识。同时，在复杂网络搭建场景中，第 3 章中使用的方法可能带来巨大的工作量。相比之下，使用开源的 Keras 框架能够快速设计网络。因此，本节使用 Keras 框架重新设计程序，来判断某生是否为三好学生。本节使用了 Keras 的深度神经网络，其原理将在第 5 章进行介绍。在下面的项目案例实施过程中，首先创建数据集并将数据集保存在文件中；然后在训练时读取文件中的数据集，将其保存成 numpy 数据格式；最后通过 Keras 构造模型、训练模型和预测结果。该项目实例中，模型的训练过程可概括为 3 个步骤：数据集产生、数据读取与处理、模型建立与训练。

4.2.1 数据集产生

在“三好学生”问题中，假设数据集中的数据包括每个学生的德育分、智育分和体育分，标签用来标注是否为三好学生。首先随机产生德育分、智育分和体育分，得到一些数据集中的数据。然后使用假设权重生成对应的三好学生分数。之后，根据一个统一的标准对这些数据进行标注：当得到的学生分数大于 80 分时，输出结果设置为 1，代表是三好学生；当学生分数小于 80 分时，输出结果设置为 0，代表不是三好学生。最后，将标注后的结果输出到文件中保存。程序代码如下：

```
#代码路径:/第 4 章/gen_data.py
import random
fp = open("./chengji.txt", "w", encoding="utf-8")
def calc_label(x1, x2, x3):
w1 = 0.72
    w2 = 0.20
    w3 = 0.08
    n1 = x1 * w1
    n2 = x2 * w2
    n3 = x3 * w3
    y = n1 + n2 + n3
    #print(y)
    label = 0
    if y > 80:
        label = 1
    else:
        label = 0
    return label
for i in range(1000):
    x1 = random.randint(30, 100)
    x2 = random.randint(30, 100)
    x3 = random.randint(30, 100)
    label = calc_label(x1, x2, x3)
#cnt[label] += 1
print("{0} {1} {2} {3}".format(x1, x2, x3, label))
fp.write("{0} {1} {2} {3}\n".format(x1, x2, x3, label))
fp.close()
```

运行程序，在当前目录会生成 chengji.txt 文件。该文件的内容就是生成的数据集，其中包括数据与标签。

4.2.2　数据读取与处理

4.2.1 节中生成的存储数据集的 chengji.txt 文件中存储了德育分、智育分、体育分以及三好学生标签，如图 4-1 所示。以第一行“74 88 36 0”为例，该行表示德育分为 74，智育分为 88，体育分为 36，0 表示不是三好学生。在模型训练阶段，需要从 chengji.txt 文件中逐行读取数据，仍以第一行数据为例，首先使用“for line in ifile”语句读取这一行数据，读入数据后使用 split 函数进行分离，分别得到德育分、智育分、体育分和三好学生标签信息；然后通过 append 函数将数据与对应的标签分别存放在列表 train_data 和 train_labels 中。

对于列表 train_data 中的数据，在用于模型训练之前一般需要将其转为 numpy 格式的多维向量。因此，程序中通过“np.array(train_data).astype('float32')”语句将列表 train_data 中的数据格式转为 numpy 格式，同时使用 astype 函数将类型转换为浮点型 float32。

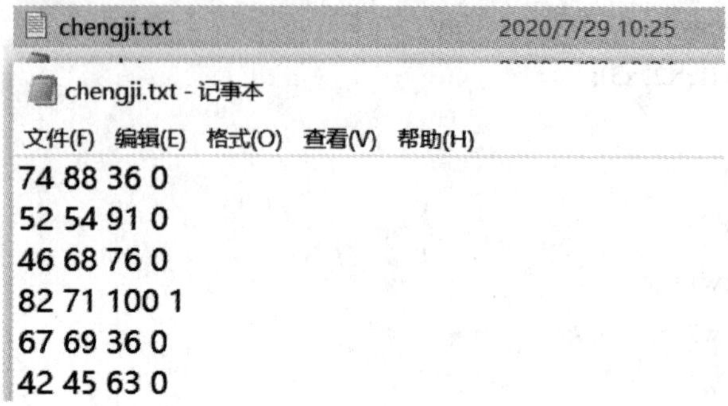

chengji.txt　2020/7/29 10:25

chengji.txt - 记事本

文件(F) 编辑(E) 格式(O) 查看(V) 帮助(H)

```
74 88 36 0
52 54 91 0
46 68 76 0
82 71 100 1
67 69 36 0
42 45 63 0
```

图 4-1　三好学生数据集

程序代码如下：

```
#代码路径:/第 4 章/read_data.py
import numpy as np
#获取数据和标签
def get_data(path):
    train_data = []
    train_labels = []
    test_labels = []
    with open(path) as ifile:
        for line in ifile:
            tokens = line.strip().split(' ')
            data = [int(tk) for tk in tokens[:-1]]
            label = tokens[-1]
            #print(data)
            #print(label)
            train_data.append(data)
            train_labels.append(label)
    return train_data, train_labels
data_path = './chengji.txt'
train_data, train_labels = get_data(data_path)
data = np.array(train_data).astype('float32')
labels = np.array(train_labels).astype('float32')
data = data / 100
print(labels.shape)
labels = labels.reshape(-1, 1)#-1 表示根据数据长宽在变形时自动计算数据长度，此处值为 1000
print(data.shape)
print(labels.shape)
```

由于数据集中有 1000 组数据，因此运行程序后输出的数据大小与标签分别为(1000, 3)与(1000, 1)。

在深度学习训练时一般还要对数据进行归一化。使用 min-max 缩放可以将数据压缩(或扩展)到[0, 1]区间，消除量纲对结果的影响，使不同特征之间具有可比性。三好学生分数最高分与最低分最大相差 100 分，因此在数据处理中使 data = data / 100，这样分值将缩放到[0, 1]区间。由于 labels 数据是一维变量，因此使用“labels = labels.reshape(-1, 1)”语句使其变为两维(1000, 1)的形式。

4.2.3 模型建立与训练

经过 4.2.2 节的数据读取与处理过程，将 chengji.txt 数据读入并且转化为 numpy 数据格式后，接下来就进入模型建立与训练阶段。使用 Keras 框架建立一个序贯模型，即通过 add 函数将若干网络层堆叠起来构成一个模型。当模型建好后，通过“print(model.summary())”语句输出模型的结构。例如，图 4-2 就是输出的一个简单模型结构。

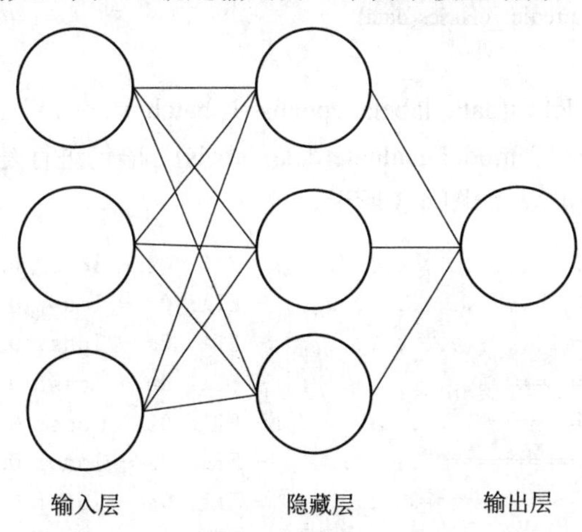

图 4-2　简单模型结构

模型建好后，通过 fit 函数读入数据进行训练。模型训练代码如下：

```
#代码路径:/第 4 章/sanhao_xuesheng.py
#!/usr/bin/env python
from keras.models import Sequential
from keras.layers import Dense
import numpy as np
#定义序贯模型
model = Sequential()
#将若干网络层通过 add 函数堆叠起来，构成一个模型
model.add(Dense(3, activation='relu',input_dim=3))
model.add(Dense(1, activation='Sigmoid'))
print(model.summary())
```

```
#完成模型搭建后，需要使用 compile 方法编译模型
#编译模型时必须指明损失函数和优化器，如果需要，也可以自己定制损失函数。Keras 的一个
#核心理念就是简明易用，同时保证用户对 Keras 的绝对控制力度，即用户可以根据需要定制自
#己的模型和网络层，甚至修改源代码等
model.compile(optimizer='rmsprop',loss='binary_crossentropy',
metrics=['accuracy'])
#训练模型，以每批次 1 个样本迭代数据。完成模型编译后，在训练数据上按 batch 进行一定次
#数的迭代，以训练网络
model.fit(data, labels, epochs=1, batch_size=1)
#使用下面这行代码对模型进行评估，查看模型的指标是否满足预期
scores = model.evaluate(data, labels)
print('accuracy=', scores[1])
#使用训练好的模型对新的数据进行预测
prediction = model.predict_classes(data)
#print(prediction)
```

上述代码通过“model.fit(data, labels, epochs=1, batch_size=1)”语句进行一次数据集周期训练(epochs=1)，并使用“model.evaluate(data, labels)”语句进行是否是三好学生的预测，输出结果的准确率为79.4%，如图4-3所示。

```
 237/1000 [=====>.......................] - ETA: 0s - loss: 0.7006 - acc: 0.5148
 324/1000 [========>....................] - ETA: 0s - loss: 0.6722 - acc: 0.5864
 412/1000 [===========>.................] - ETA: 0s - loss: 0.6555 - acc: 0.6262
 500/1000 [==============>...............] - ETA: 0s - loss: 0.6357 - acc: 0.6600
 587/1000 [================>.............] - ETA: 0s - loss: 0.6332 - acc: 0.6678
 674/1000 [===================>..........] - ETA: 0s - loss: 0.6177 - acc: 0.6869
 761/1000 [=====================>........] - ETA: 0s - loss: 0.6056 - acc: 0.7030
 849/1000 [========================>.....] - ETA: 0s - loss: 0.5960 - acc: 0.7138
 936/1000 [===========================>..] - ETA: 0s - loss: 0.5928 - acc: 0.7179
1000/1000 [==============================] - 1s 725us/step - loss: 0.5920 - acc: 0

  32/1000 [.............................] - ETA: 0s
1000/1000 [==============================] - 0s 27us/step
accuracy= 0.794
```

图 4-3　三好学生预测结果

下面对模型训练过程的关键参数进行简要说明。在 fit 函数中，参数 data 和 labels 分别对应数据与标签，即 4.2.2 节中数据处理后转化成 numpy 格式的数据。参数 epochs 表示训练过程中数据将被轮询多少次。本程序中，把 chengji.txt 文件中所有数据训练一次称为一个 epoch。batch_size 表示批处理训练的规模，即一次性读入多少个样本进行训练。本次训练中将 batch_size 设置为 1，即每次读取数据集中的 1 个样本进行训练。

模型训练完成后，使用 model.evaluate 函数评估当前模型在测试集中的准确率。一般来说，测试集比训练集要小。当测试集数据与训练集数据不同时，评估结果更能真实地反

映模型预测的能力。通常在实际项目中将整个数据集划分为训练集与测试集，划分比例可以自己设定，如设置训练集为整个数据集的 80%，测试集为整个数据集的 20%。为了演示简单，上述代码中使用训练集替代测试集来进行测试。

如果需要使用训练好的模型，那么可以使用“model.predict_classes(data)”语句对输入的张量或者变量进行预测，其中 data 表示输入的数据。一般所有数据集放在同一个 NumPy 数据中，用多维张量表示，张量的维度就是数据集中数据的数目。当输入一个变量时，也可以将其当作一个多维张量进行处理，此时说明数据集中数据数目的张量只有一个数据。在该过程中，需要注意使用 reshape 函数进行数据的转换。

第 5 章　Keras 手写字体图像识别实战

MNIST 手写数字识别数据集(以下简称 MNIST 数据集)是由 Yann LeCun 搜集的，其内容为手写数字 0～9 的图像数据，共有训练数据 60 000 项，测试数据 10 000 项。MNIST 数据集均为单色图像，比较简单，很适合深度学习的初学者用来建立模型、训练、预测。本章即基于 MNIST 数据集构建一个能够识别手写数字图像的 Keras 模型。

本章介绍了两种神经网络，即深度神经网络和卷积神经网络的基本原理，并且分别使用这两种神经网络构建识别手写数字图像的 Keras 模型。首先通过建立模型、训练模型、保存模型，实现手写字体图像识别模型；然后利用读取保存的文件模型进行新的手写字体图像的预测。

本章技能目标：

(1) 掌握数据集的制作、处理与读取方法；
(2) 理解多层感知器 Keras 模型的构建与训练；
(3) 理解理解卷积神经网络 Keras 模型的构建与训练；
(4) 掌握模型的训练与保存方法；
(5) 掌握深度学习模型的导入与应用。

5.1　深度神经网络原理与实战

5.1.1　深度神经网络介绍

深度神经网络是从简单的神经网络逐步发展形成的。最初的神经网络结构非常简单，一般只有 1～2 层，而且没有隐藏层，因此其功能在很大程度上受到限制。当时也有人尝试把神经网络设置更多层数，但是均会发生各种各样的问题。直到 2006 年，计算机的蓬勃发展以及大算力 GPU 显卡出现，为深度学习提供了算力和数据集，深度神经网络才开始有了显著发展。简单神经网络的结构如图 5-1 所示，图中每个圆圈都是一个神经元，每条线表示神经元之间的连接。从图 5-1 中可以看到，神经网络被分成多层，层与层之间的神经元有连接，而层内之间的神经元没有连接。隐藏层比较多(隐藏层层数大于 2)的神经网络称为深度神经网络，由权重参数 w 与上一层的值通过相乘相加，并且加上偏置项得到当前层的值，其相乘相加的过程对应于数学中的矩阵相乘。矩阵相乘一般是线性变化的，因此可通过激活函数增加神经网络模型的非线性，没有激活函数的各层都相当于矩阵相乘。

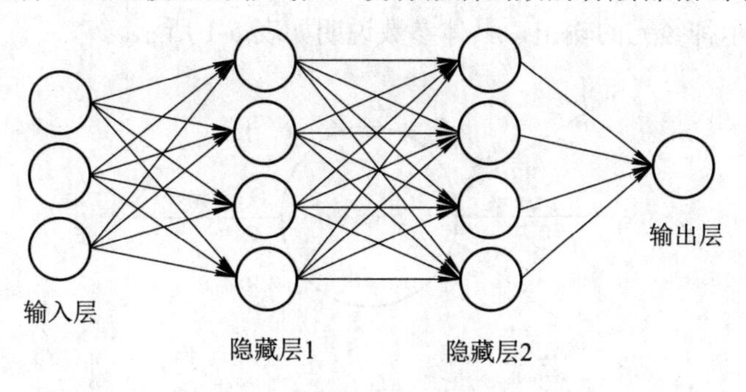

图 5-1 简单神经网络的结构

5.1.2　多层感知器原理

全连接的深度神经网络也称为多层感知器，是随着神经科学的发展，由神经系统结构及其工作原理启发而提出来的一种技术。1.1.5 节已经介绍了神经元的组成结构，深度神经网络由很多神经元组成，简化的神经元如图 5-2 所示。

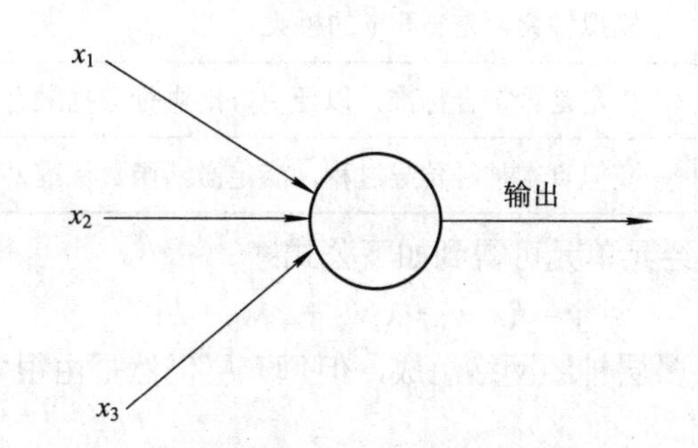

图 5-2　简化的神经元

根据生物神经元的基本原理，深度神经网络可以简化为图 5-3 所示的形式。

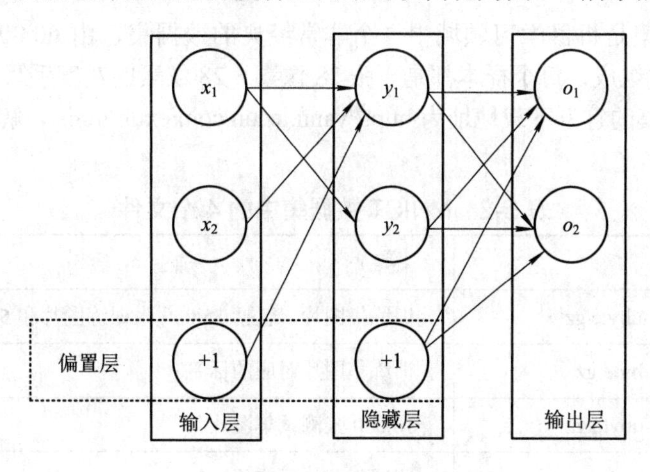

图 5-3　深度神经网络

多层感知器中的基本单元是神经元。图 5-4 即为一个基本神经元单元，其输入层包含 x_1、x_2 和 x_3 3 个输入，对应的权重参数分别为 w_1、w_2 和 w_3。图 5-4 中，b 代表偏置项，f 为激活函数，y 表示神经元的输出，具体参数说明如表 5-1 所示。

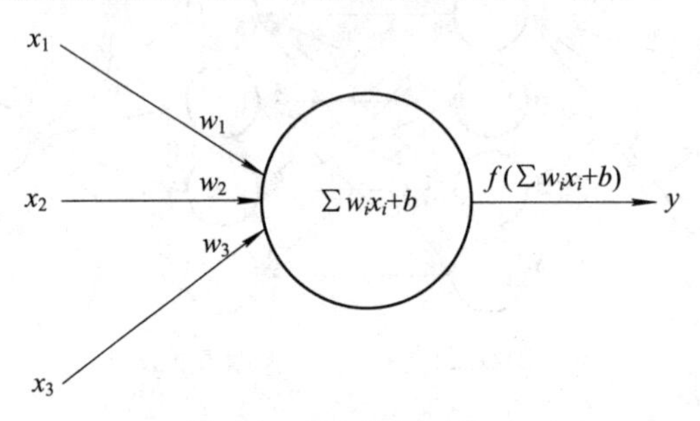

图 5-4　基本神经元单元

表 5-1　图 5-4 中的参数说明

参　数	说　明
x_1、x_2、x_3 (输入)	x 为输入神经元，负责接收外界信息
y(输出)	y 负责接收符合标准的 x
w_1、w_2、w_3 (权重)	模拟轴突，是 x 和 y 的桥梁
b(偏差项)	决定是否符合标准，以便更好地进行数据融合
f(激活函数)	模拟真实神经传导过程，满足激活函数标准，传入下一神经元

由图 5-4 中的基本神经元单元可得到如下公式：

$$y = f(x_1w_1 + x_2w_2 + x_3w_3 + b)$$

多层感知器虽然由很多层神经网络组成，但每一层仍然是由很多个这样的基本神经元单元组成。

5.1.3　MNIST 数据集概述

MNIST 数据集是机器学习领域中一个非常经典的数据集，由 60 000 个训练样本和 10 000 个测试样本组成，每个样本都是一张 28 像素 × 28 像素的灰度手写数字图像。

MNIST 数据集的官方下载地址为 http://yann.lecun.com/exdb/mnist，解压后可得 4 个文件，如表 5-2 所示。

表 5-2　MNIST 数据集中的 4 个文件

文　件	内　　容
train-images-idx3-ubyte.gz	训练集图片，包括 55 000 张训练图片和 5000 张验证图片
train-labels-idx1-ubyte.gz	训练集图片对应的标签
t10k-images-idx3-ubyte.gz	10 000 张测试集图片
t10k-labels-idx1-ubyte.gz	测试集图片对应的标签

Keras 框架自带下载与读入 MNIST 数据集功能，通过使用 keras.datasetss 模板可以很容易地导入 MNIST 数据集。如果本地没有对应的数据集，Keras 将会自动从网络上下载数据集，得到的是 numpy 格式的数据。下载的 MNIST 数据集包括训练集与测试集，根据 numpy 数据的属性，可以输出数据集中的图片数量和宽高，将图片保存到文件夹。程序代码如下：

```
#代码路径:/第 5 章/1/ouput_mnist_img.py
#步骤 01  导入所需模块
from keras.datasets import mnist
import cv2
#步骤 02  读取 MNIST 数据集
(x_Train, y_Train), (x_Test, y_Test) = mnist.load_data()
#步骤 03  输出训练集、测试集的大小
print(x_Train.shape)
print(y_Train.shape)
print(x_Test.shape)
print(y_Test.shape)
#步骤 04  利用 for 循环写出数据集
for num in range(20):
    name = './pic/' + str(num) + '.jpg'
    cv2.imwrite(name, x_Train[num])
#步骤 05  利用 for 循环写出标签
f = open("train_label.txt", "w")
for num in range(20):
    label = y_Train[num]
f.write(str(label))
f.write("\n")
```

输出结果如图 5-5 所示。

```
(60000, 28, 28)
(60000, )
(10000, 28, 28)
(10000, )
```

图 5-5　输出结果

上述代码中的数据集图片保存在当前目录的 pic 文件夹下。因此，如果程序是第一次运行，则需要手动在当前目录建立 pic 文件夹才能正确生成图片。目前导出设置为 20 张图片，用户可以根据自己的需求输出所有的训练集与测试集图片，并且可以输出训练集与测试集的大小。从代码中可以看出，训练集图片有 60 000 张，测试集图片有 10 000 张。

5.1.4　使用 Keras 构建多层感知器模型

本节将使用 Keras 构建多层感知器模型，并进行模型训练与预测。使用多层感知器模

型识别 MNIST 数字图像的过程包括训练和预测两个部分，整个训练与预测流程如图 5-6 所示。

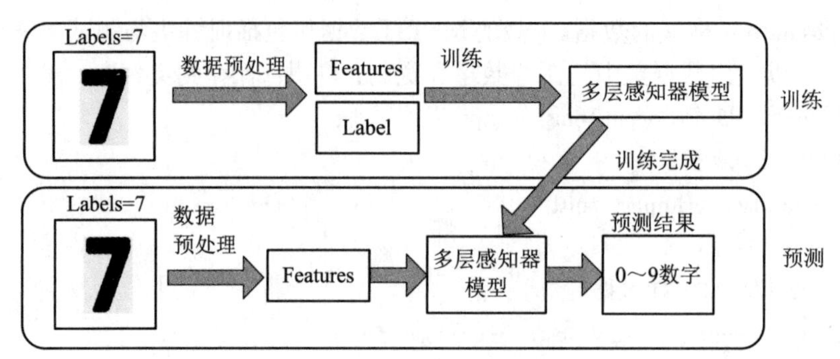

图 5-6　训练与预测流程

在训练过程中，MNIST 数据集的训练数据共 60 000 项，经过数据预处理后会产生 Features(数字图像特征值)与 Label(数字真实值)。将它们输入多层感知器模型进行训练，完成后的模型就可以用于预测。

在预测过程中，输入待预测的数字图像，预处理后会产生 Features，使用训练完成的多层感知器模型进行预测后能够得到预测结果，为 0～9 中的任一数字。

建立多层感知器模型的步骤如下(图 5-7)：

(1) 数据预处理(处理好输入的数据类型)；

(2) 建立模型与训练模型(利用训练数据和验证数据对模型进行训练)；

(3) 评估模型准确率(利用测试数据对模型进行评估)；

(4) 进行预测(预测测试数据的标签)。

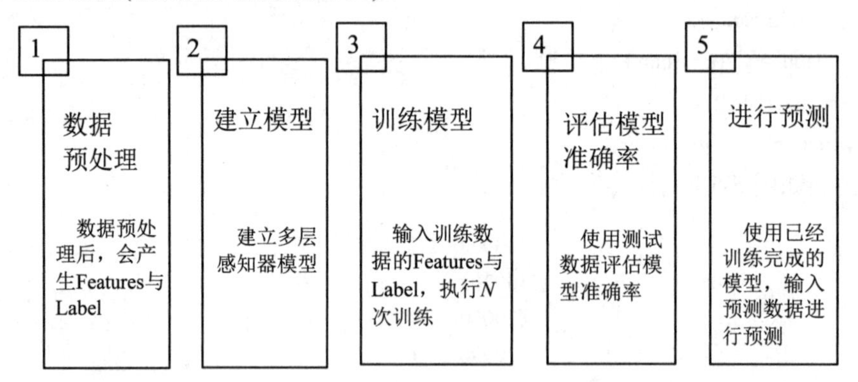

图 5-7　建立多层感知器模型的步骤

下面通过两种方式获取 MNIST 数据集，构建多层感知器模型进行训练：第一种方式是在网络上下载 MNIST 数据集，第二种方式则是自制手写字体数据集。

1. 通过下载 MNIST 数据集训练多层感知器模型

从网络上下载 MNIST 数据集的程序代码如下：

```
#代码路径:/第 5 章/1/train_mnist.py
#步骤 01 导入所需模块
from keras.utils import np_utils
```

```
import numpy as np
import os
np.random.seed(10)
#步骤 02 读取 MNIST 数据
from keras.datasets import mnist
(x_train_image, y_train_label), (x_test_image, y_test_label) = mnist.load_data()
#步骤 03 将二维向量通过 reshape 变成一维向量
x_Train = x_train_image.reshape(60000, 784).astype('float32')
x_Test = x_test_image.reshape(10000, 784).astype('float32')
#步骤 04 将 Feature 标准化
x_Train_normalize = x_Train / 255
x_Test_normalize = x_Test / 255
#对应标签(Label)进行 One-Hot Encoding(独热码编码)
y_Train_OneHot = np_utils.to_categorical(y_train_label)
y_Test_OneHot = np_utils.to_categorical(y_test_label)
#建立模型
#步骤 05 导入必需的模块
from keras.models import Sequential
from keras.layers import Dense
#步骤 06 建立序贯模型
model = Sequential()
#步骤 07 建立输入层和隐藏层
model.add(Dense(units=256,
                input_dim=784,
                kernel_initializer='normal',
                activation='relu'))
#步骤 08 定义输出层
model.add(Dense(units=10,
                kernel_initializer='normal',
                activation='Softmax'))
#步骤 09 查看模型摘要
print(model.summary())
#步骤 10 进行训练
#模型建立成功后，即可使用反向传播法进行训练
#定义训练方式
#设置损失函数、优化器，评估方式为准确率
model.compile(loss='categorical_crossentropy',
              optimizer='adam', metrics=['accuracy'])
#开始训练
```

```
#使用 model.fit 进行训练，x 是数字图像特征值，y 是数字图像真实值
#validation_split 用于设置训练和测试集的比例，epochs 用于设置训练周期
#batch_siz 为数据数目，verbose 显示训练过程
train_history = model.fit(x=x_Train_normalize,
                          y=y_Train_OneHot, validation_split=0.2,
                          epochs=10, batch_size=200, verbose=2)
#利用准确率评估模型
scores = model.evaluate(x_Test_normalize, y_Test_OneHot)
print('accuracy=', scores[1])
#模型预测
prediction = model.predict_classes(x_Test)
print(prediction)
#分析模型
print(model.summary())
```

上述代码的输出结果如图 5-8 所示。

```
dense_1 (Dense)              (None, 256)              200960
_________________________________________________________________
dense_2 (Dense)              (None, 10)               2570
=================================================================
Total params: 203,530
Trainable params: 203,530
Non-trainable params: 0
_________________________________________________________________
Epoch 2/10
 - 2s - loss: 0.1911 - acc: 0.9455 - val_loss: 0.1556 - val_acc: 0.9558
Epoch 3/10
 - 2s - loss: 0.1356 - acc: 0.9615 - val_loss: 0.1258 - val_acc: 0.9648
Epoch 4/10
 - 2s - loss: 0.1027 - acc: 0.9702 - val_loss: 0.1118 - val_acc: 0.9679
Epoch 5/10
 - 2s - loss: 0.0810 - acc: 0.9772 - val_loss: 0.0982 - val_acc: 0.9720
Epoch 6/10
 - 1s - loss: 0.0659 - acc: 0.9818 - val_loss: 0.0933 - val_acc: 0.9722
Epoch 7/10
 - 1s - loss: 0.0544 - acc: 0.9850 - val_loss: 0.0915 - val_acc: 0.9736
Epoch 8/10
 - 2s - loss: 0.0459 - acc: 0.9876 - val_loss: 0.0832 - val_acc: 0.9759
Epoch 9/10
 - 1s - loss: 0.0380 - acc: 0.9902 - val_loss: 0.0822 - val_acc: 0.9757
Epoch 10/10
 - 1s - loss: 0.0317 - acc: 0.9916 - val_loss: 0.0803 - val_acc: 0.9763

   32/10000 [..............................] - ETA: 11s
 1088/10000 [==>...........................] - ETA: 0s
 2368/10000 [======>.......................] - ETA: 0s
 3712/10000 [==========>...................] - ETA: 0s
 4736/10000 [=============>................] - ETA: 0s
```

图 5-8　输出结果

在上述代码中，使用 model.compile 定义了训练方式，其中各参数的解释如表 5-3 所示。

表 5-3　编 译 参 数

参数名	说　明
loss	设置损失函数，在深度学习中使用 cross_entropy(交叉熵)训练的效果比较好
optimizer	设置训练时，在深度学习中使用 adam 优化器可以让训练速度更快，还可以提高准确率
metrics	设置评估模型的方式为准确率

model.fit 表示开始训练模型，其中各参数的解释如表 5-4 所示。

表 5-4　训 练 参 数

参数名	说　明
x = x_Train_normalize	x 表示要输入的特征值，将输入特征 x_Train_normalize 赋值给 x
y = y_TrainOneHot	y 表示要输入的标签，将标签值 y_TrainOneHot 赋值给 y
validation_split = 0.2	表示把训练数据集中的 80%用于训练模型，20%用于验证模型
epochs = 10	表示要训练 10 个周期
batch_size = 200	表示每个周期中的每一批次的数据量大小是 200
verbose = 2	显示训练过程
train_history	训练结果会保存在 train_history 中

从训练结果可以看到，训练样本原来是 60 000 个，其中 48 000 个样本被当作训练集使用，剩下的 12 000 个样本被当作验证集使用。在控制平台观察输出的损失函数，可以发现随着训练次数的增加，loss(训练集的损失函数)和 val_loss(验证集的损失函数)在逐步减小，acc(训练集的准确率)和 val_acc(验证集的准确率)在提升。

2. 通过自制手写字体数据集训练多层感知器模型

为了对数据集有一个更深的了解，也可以采用图像分割方式批量创建手写字体图片数据库，同时生成对应图片的数据标签。图 5-9 所示为使用的原始图像，其中包括数字 0～9 的所有图片。

图 5-9　手写字体数据原始图像

通过 OpenCV 库中的 imread 函数读取图像后，输出该图像的大小，是 2000 像素 × 1000 像素。同时，通过计算得到水平方向图片数目为 100 张，垂直方向图片数目为 50 张。因此，可以推算出单张图片的大小为 20 像素 × 20 像素。以下程序的功能是实现原始图像的分离以及数据图像的标签输出：

```
#代码路径: /第 5 章/1/split_all_pic.py
import numpy as np
import cv2
im_path = "digits.png"
img = cv2.imread(im_path)
print(img.shape)
for num in range(50):
    for col in range(100):
        one_pic = img[num * 20: num * 20 + 20, col * 20: col * 20 + 20, :]
        name = "./pic/" + str(num * 100 + col) + ".png"
        cv2.imwrite(name, one_pic)
s = 0
with open("dig_label.txt", "w")as f:
    for num in range(5000):
        f.write(str(num) + ".png")
        s = int(num/500)
 print(s)
        f.write("" + str(s))
        f.write("\n")
```

运行程序前需要手动创建文件夹 pic。成功运行程序后，可以看到在 pic 文件夹中生成了 5000 张数字手写字体图片，每张图片的大小为 20 像素 × 20 像素。同时，该程序在当前目录下也生成了数据标签文件 dig_label.txt。

程序代码如下：

```
#代码路径:/第 5 章/1/train_mnist_my.py
#步骤 01 导入所需模块
from keras.utils import np_utils
from keras.models import Sequential
from keras.layers import Dense
import numpy as np
import cv2
#读取图片
img_list = []
for num in range(5000):
    name = './pic/' + str(num) + '.png'
    #print(name)
```

```
        img = cv2.imread(name)
        img_list.append(img)
        img_list_np = np.array(img_list)
        print(img_list_np.shape)
    #步骤 02 读取数据与标签
    filename = "dig_label.txt"
    file = open(filename)
    label_list = []
    for line in file.readlines():
        new_line = line.strip()
        token = new_line.split("")
        label_list.append(token[1])
        label_list_np = np.array(label_list)
    print(label_list_np)
    print(label_list_np.shape)
    #彩色图像只使用一个通道
    slice_img = img_list_np[:, :, :, 0: 1]
    print(slice_img.shape)
    x_train_image = slice_img
    y_train_label = label_list_np
    x_test_image = x_train_image
    y_test_label = y_train_label
    #步骤 03 将图像特征值转化为(6000, 28, 28, 1)的 4 维矩阵
    x_Train = x_train_image.reshape(5000, 400).astype('float32')
    x_Test = x_test_image.reshape(5000, 400).astype('float32')
    x_Train_normalize = x_Train / 255
    x_Test_normalize = x_Test / 255
    y_Train_OneHot = np_utils.to_categorical(y_train_label)
    y_Test_OneHot = np_utils.to_categorical(y_test_label)
    #步骤 04 构建模型
    model = Sequential()
    model.add(Dense(units=256, input_dim=400,
                    kernel_initializer='normal', activation='relu'))
    model.add(Dense(units=10, kernel_initializer='normal',
                    activation='Softmax'))
    print(model.summary())
    #步骤 05 训练模型
    model.compile(loss='categorical_crossentropy', optimizer='adam',
                  metrics=['accuracy'])
```

```
train_history = model.fit(x=x_Train_normalize, y=y_Train_OneHot,
                          validation_split=0.2, epochs=10,
                          batch_size=200, verbose=2)
scores = model.evaluate(x_Test_normalize, y_Test_OneHot)
print('accuracy=', scores[1])
prediction = model.predict_classes(x_Test)
print(prediction)
```

其实，多层感知器模型一般情况下不用在图像识别中，因为其参数会非常多，而且训练时参数过多也很容易过拟合，导致识别的准确率不是很高。从上面的例子可以得出，其识别准确率只有 0.9768。若想提高准确率，还可以增加隐藏层神经元的个数，但是这样做会增加训练时间，并且效率也很低。例如，用户可以尝试把隐藏层的神经元个数增加到 1000 个，则准确率约为 0.9779；或者再增加一个隐藏层，得到的准确率约为 0.9797。但是，其参数个数会急速增加，说明深度神经网络对于图像识别的准确率达不到理想程度。因此，目前对于图像分类与识别问题，一般情况下采用卷积神经网络。

5.2　卷积神经网络原理与实战

5.1 节介绍了深度神经网络的训练和预测，并用它识别了手写数字。然而，深度神经网络对于图像识别任务来说并不是很合适。本书介绍一种更适合图像和语音识别任务的神经网络结构——卷积神经网络。卷积神经网络是非常重要的一种神经网络，最近，绝大多数图像、语音识别领域的重要突破都是通过卷积神经网络取得的。例如，谷歌的 GoogleNet、微软的 ResNet、打败李世石的 AlphaGo 等都用到了卷积神经网络。本节将详细介绍卷积神经网络及其训练算法，并使用 Keras 构建一个卷积神经网络，用于手写数字字体的识别。

5.2.1　卷积神经网络概述

卷积神经网络包括卷积层、池化层(pooling layer)和全连接层，如图 5-10 所示。

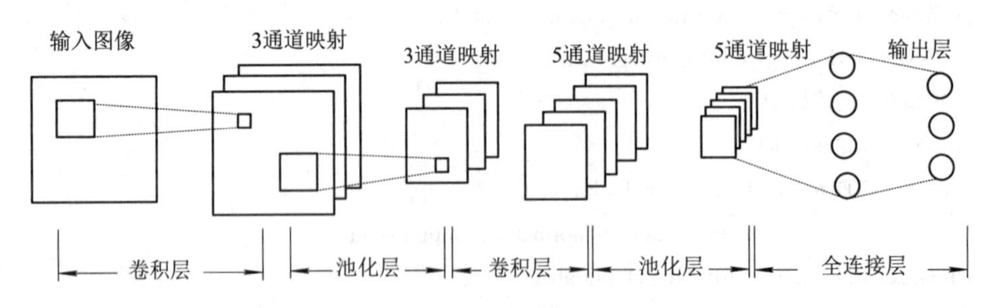

图 5-10　卷积神经网络

(1) 卷积层：每个卷积层由若干个卷积单元组成，每个卷积单元的参数都是通过反向传播算法优化得到的。卷积运算的目的是提取输入的不同特征。第一层卷积层可能只能提取一些低级特征，如边缘、线条和角，更多层的网络能从低级特征中迭代提取更复杂的特征。

(2) 池化层：通常通过卷积层之后得到的特征维度很大。池化(pooling)就是特征数据降维过程，其将特征切成几个区域，取其最大值或平均值，得到新的、维度较小的特征数据。

(3) 全连接层：把所有局部特征结合成全局特征，用来计算每一类的得分。

一个卷积神经网络可能由若干卷积层、池化层和全连接层组成，因此可以构建各种不同结构的卷积神经网络。其常用的结构模式为：输入图像后，经过 N 个卷积层叠加后，再叠加一个池化层(可选)，重复该结构 M 次，最后叠加 K 个全连接层。

多层卷积神经网络卷积原理如图 5-11 所示，其主要分为三大部分：

(1) 卷积层：通过卷积层和池化层操作进行图像特征提取与数据降维操作。卷积层的作用是提取图像的各种特征；池化层的作用是对原始特征信号进行提取，从而大幅度减少训练参数。另外，池化层还可以减轻模型过拟合的程度。

(2) 全连接层：这部分就是深度神经网络，具体原理参见 5.1 节中的相关描述。

(3) 输出层：主要进行数据分类输出，一般通过归一化(Softmax)、激活函数(Sigmoid)、交叉熵(Cross-Entropy)等操作进行输出。

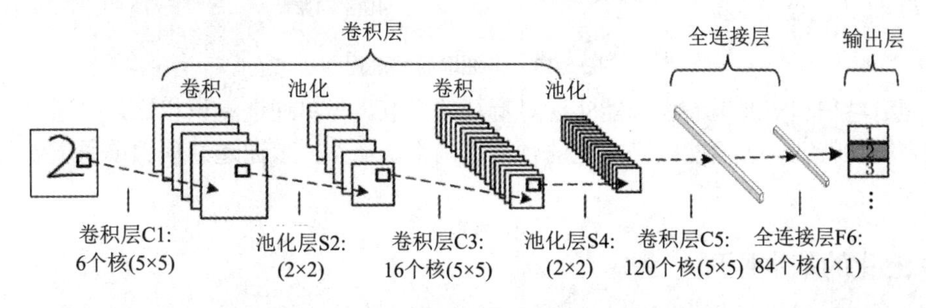

图 5-11　多层卷积神经网络卷积原理

在计算机视觉领域，卷积核、滤波器通常为较小尺寸的矩阵，如 3 像素 × 3 像素、5 像素 × 5 像素等；数字图像是相对较大尺寸的 2 维(多维)矩阵(张量)。图像卷积运算过程就是使用滤波器在图像上滑动，将对应位置相乘求和，如图 5-12 所示。

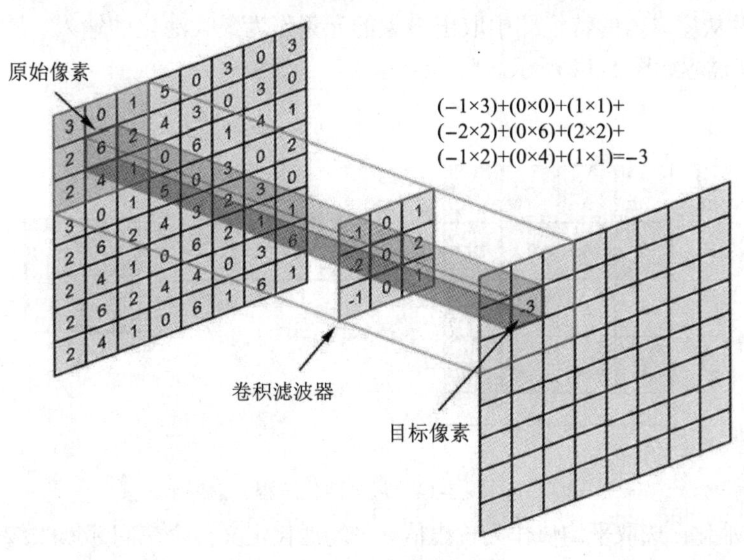

图 5-12　单通道卷积过程

当输入为多维图像(或者多通道特征图)时，多通道卷积过程如图 5-13 所示。图 5-13 中，输入图像尺寸为 6 像素 × 6 像素，通道数为 3，卷积核有 2 个，每个尺寸为 3 像素 × 3 像素，每个卷积核的通道数为 3(与输入图像通道数一致)。卷积时仍以滑动窗口的形式，从左至右、从上至下，将 3 个通道的对应位置相乘求和，输出结果为 2 张 4 像素 × 4 像素的特征图。

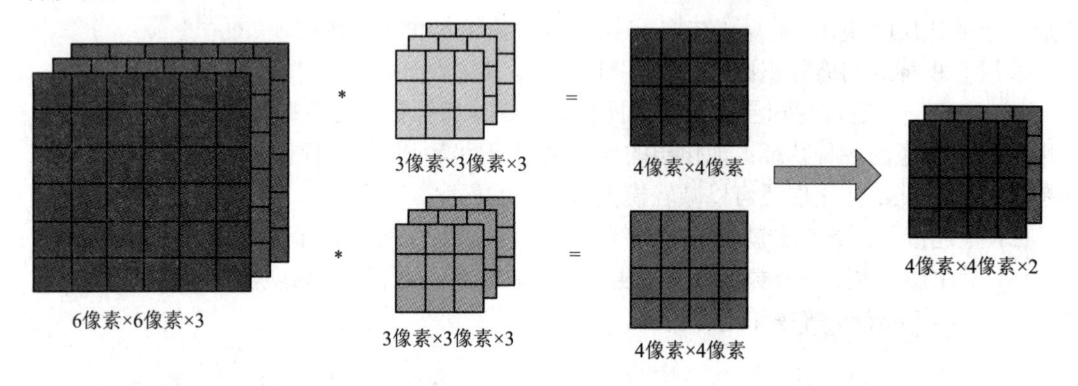

图 5-13　多通道卷积过程

单通道卷积和多通道卷积都能实现对特征的提取。与单通道卷积相比，多通道卷积能提取更高级的特征，进而能提高模型的预测准确率。当然，多通道卷积比单通道卷积的计算量要大。

5.2.2　池化的基本原理

池化也称为欠采样或下采样，主要用于特征降维，其能有效压缩数据和参数的数量，减小过拟合，同时提高模型的容错性。池化主要有两种：最大池化(max pooling)和平均池化(average pooling) 。

(1) 最大池化：选取最大的值作为输出值。最大池化定义一个空间邻域(如 2 像素 × 2 像素的窗口)，并从窗口内的特征图中取出最大的元素作为最大池化的输入。最大池化被证明效果较好，其过程如图 5-14 所示。

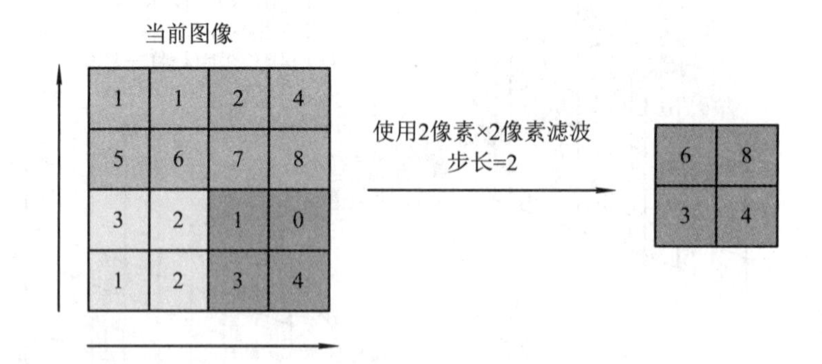

图 5-14　最大池化过程

(2) 平均池化：选取平均值作为输出值。平均池化定义一个空间邻域(如 2 像素 × 2 像素的窗口)，并从窗口内的特征图中计算出平均值，作为平均池化的输入。

5.2.3 使用 Keras 构建卷积神经网络

5.1 节已经使用深度神经网络对数字手写字体进行了识别，而对图像识别采用卷积神经网络通常能够达到更高的准确率。因此，本节使用 Keras 卷积神经网络实现 MNIST 手写数字识别。与前面的代码类似，本程序实现过程主要包括导入模块、获取训练数据、定义模型、编译模型、训练模型、评估模型和保存模型。如果训练过程被中断，也可以通过程序恢复已保存模型继续进行训练。最后，加载训练好的模型，即可对手写字体进行识别。这里直接使用 5.1 节生成的数据集，并用 Keras 构建一个卷积神经网络用于训练数据集。

程序代码如下：

```
#代码路径:/第 5 章/2/train_cnn.py
#步骤 01 导入所需模块
from keras.datasets import mnist
from keras.utils import np_utils
from keras.models import Sequential
from keras.layers import Dense, Dropout, Flatten, Conv2D, MaxPooling2D
import numpy as np
np.random.seed(10)
#步骤 02 下载 MNIST 数据集，读取数据集
(x_Train, y_Train), (x_Test, y_Test) = mnist.load_data()
#步骤 03 将图像特征值转化为(6000,28,28, 1)的 4 维矩阵
x_Train4D = x_Train.reshape(x_Train.shape[0], 28, 28, 1).astype('float32')
x_Test4D = x_Test.reshape(x_Test.shape[0], 28, 28, 1).astype('float32')
#步骤 04 进行标准化
#将像素范围设置在[0, 1]
x_Train4D_normalize = x_Train4D / 255
x_Test4D_normalize = x_Test4D / 255
#步骤 05 对标签进行独热码编码
#将标签转换成独热码
y_TrainHot = np_utils.to_categorical(y_Train)
y_TestHot = np_utils.to_categorical(y_Test)
#建立模型
#步骤 01 定义模型
model = Sequential()
#步骤 02 建立卷积层 1
model.add(Conv2D(filters=16,#filter = 16: 建立 16 个滤镜
                 #kernel_size = (5, 5): 每一个滤镜大小是 5 像素 × 5 像素
                 kernel_size=(5, 5),
                 #padding = 'same': 设置卷积运算产生的图像大小不变
                 padding='same',
```

```
            #输入的图像形状为 28 像素 × 28 像素，1 代表单色灰度，3 代表 RGB
            input_shape=(28, 28, 1),
            #activation: 设置激活函数为 ReLU，建立池化层 1
            activation='relu'))
#步骤 03 建立池化层 1
model.add(MaxPooling2D(pool_size=(2, 2)))#缩减采样，输出 16 个 14 像素 × 14 像素图像
#步骤 04 建立卷积层 2
model.add(Conv2D(filters=36,            #建立 36 个滤镜
            kernel_size=(5, 5),         #每一个滤镜大小是 5 像素 × 5 像素
            padding='same',             #卷积后的图像大小不变
            activation='relu'           #输出 36 个 14 像素 × 14 像素的图像
            ))
#步骤 05 建立池化层 2，加入 Dropout，避免过拟合
model.add(MaxPooling2D(pool_size=(2, 2)))  #图像大小变为 7 像素 × 7 像素
#加入 DropOut(0.25)，每次训练时，会在神经网络中随机放弃 25%的神经元，避免过拟合
model.add(Dropout(0.25))
#步骤 06 建立平坦层
model.add(Flatten())                    #卷积层大小为 36 × 7 × 7
#步骤 07 建立隐藏层
model.add(Dense(128, activation='relu'))
#把 DropOut 加入模型中，DropOut(0.5)在每次迭代时会随机放弃 50%的神经元，避免过拟合
model.add(Dropout(0.5))
#建立输出层，一共 10 个单元，对应 0~9 一共 10 个数字。使用 Softmax 进行激活
model.add(Dense(10, activation='Softmax'))
#查看模型摘要
print(model.summary())
#进行训练
#步骤 01 定义训练方式
#定义训练方式 compile
model.compile(loss='categorical_crossentropy',
            optimizer='adam', metrics=['accuracy'])
#步骤 02 开始训练
train_history = model.fit(x=x_Train4D_normalize, y=y_TrainHot,
                    validation_split=0.2,
                    #将 80%作为训练数据，20%作为测试数据
                    epochs=10,       #执行 10 个训练周期
                    batch_size=300,  #每一批 300 项数据
                    verbose=2        #参数为 2，表示显示训练过程
                    )
```

5.2.4 Keras 模型保存与加载

1. Keras 模型保存

在训练模型中加入以下代码，则可以将训练好的模型保存在指定目录下：

```
model.save("SaveModel/minist_model_graphic.h5")
print("Saved model to disk")
```

2. Keras 模型加载

在训练过程中难免会遇到网络或者系统出错导致训练中断的情况，此时可以尝试加载模型并恢复后继续进行训练。

程序代码如下：

```
#代码路径:/第 5 章/2/train_cnn_model.py
#加载之前训练的模型
try:
    #model.load_weights("SaveModel/minist_model.h5")
    model.load_weights("SaveModel/minist_model_graphic.h5")
    print("加载模型成功!继续训练模型")
except:
    print("加载模型失败!开始训练一个新模型")
```

以上代码尝试加载之前训练的模型，假如加载成功，那么程序将会顺延已有模型继续训练；假如加载失败，那么程序将会开始训练一个新模型。

模型训练完成后，通过 model.save 函数保存训练好的模型，接下来即可使用该模型进行图像预测。

5.2.5 Keras 模型预测

本节使用训练好的模型进行预测。

程序代码如下：

```
#代码路径:/第 5 章/2/predict_one_img.py
#步骤 01 导入所需模块
import cv2
from keras.models import load_model
#步骤 02 读取图片
img = cv2.imread("./pic/2.jpg")
#步骤 03 图像处理
#进行切片动作，转换为灰度图
grey_img = img[:, :, 0: 1]
print(grey_img.shape)
#对图片进行处理
shape_img = (grey_img.reshape(1, 28, 28, 1)).astype('float32') / 255
```

```
#步骤 04 加载模型
model = load_model('SaveModel/minist_model_graphic.h5')      #选取自己的 .h 模型名称
prediction = model.predict_classes(shape_img)                #利用 predict_classes 类进行预测
print(prediction[0])                                         #输出预测结果
```

第 6 章　人脸识别项目实战

人脸识别算法是目前人工智能行业应用较为广泛的算法之一。前面章节已经介绍了典型的卷积神经网络设计，在模型训练过程中采用的数据集来源于网络或者由其他人制作。本章使用人脸检测库 dlib 完成人脸数据集采集与制作过程，使用 Keras 构建神经网络模型，进行人脸识别算法的训练与结果预测。

本章介绍了人脸识别的基本原理，包括人脸检测、人脸对齐、人脸编码和人脸匹配，并设计了一个基于卷积神经网络的人脸识别算法模型，利用 dlib 库实现人脸检测和人脸对齐；采用 Keras 构建人脸图像分类算法，实现人脸编码和人脸匹配。

人脸数据集主要包括自己人脸图像与其他人脸图像两部分，分别对应数据标签 0 和 1。自己人脸数据通过使用 OpenCV 库，利用计算机的摄像头来获取；其他人脸数据来源于网络下载的开源人脸数据集 LWF。由于人脸数据集中的图片存在大量背景信息，因此需要利用 dlib 人脸检测方法去除背景信息，得到纯净人脸的图片数据集。

人脸图像分类算法采用卷积神经网络，主要包括输入层、多层卷积层与池化层、激活层、全连接层、输出层。当完成模型训练后，将模型保存为“.h5”格式文件。如果想对自己的人脸图像进行预测，做出是否是本人的判断，只需要读取该“.h5”格式文件，对输入的图像进行识别即可。

本章技能目标：

(1) 掌握人脸识别的基本步骤，学习人脸检测与人脸识别的基本原理；

(2) 掌握人脸数据采集程序编写、使用 OpenCV 进行图像处理、使用 Keras 搭建卷积神经网络等关键过程；

(3) 能够进行网络模型训练、参数调节和模型保存，能够部署和使用自己训练好的模型建立预测网络。

6.1　人脸识别原理

当前主流的人脸识别算法主要依靠深度学习或者其他算法提取人脸特征值，这些特征值主要指由面部特征组成的信息集，包括双眼皮、黑眼睛、蓝色头发、塌鼻梁等。人脸识别最核心的方法是对人脸特征值进行比对匹配。人脸识别过程可以分为以下 4 个关键步骤(图 6-1)。

图 6-1　人脸识别关键步骤

(1) 人脸检测。使用人脸检测算法快速地得到在图片中的所有人脸，并且通过人脸检测算法得到人脸的对应的位置，通常使用一个边框将人脸标记出来，通过截取框内的人脸图像作为待匹配的人脸图像。

(2) 人脸对齐。通过人脸对齐，可以将不同朝向的人脸对齐同一方向。例如，有些图像的照片是做了 90° 旋转，为了提高人脸识别算法的准确率，需要对图像进行相应的变换，进行图像旋转。在拍摄人脸时，如果是从侧面拍摄，也需要调整人脸的正面对准的方向，使得眼睛和嘴巴总是能够被人脸识别算法检测到。

(3) 人脸编码。使用人脸编码将每个人的特点编码成固定的维度。每个人都有特点，如有人是大眼睛、蓝色头发或者塌鼻梁等，那么需要一种算法来表达这些不同人的特征。目前主流的人脸识别算法主要通过深度学习，利用卷积神经网络对海量人脸图片进行学习，输入图像后提取出能区分不同人脸的特征向量，以替代人工设计的特征。通过人脸算法将每张脸的图像编码成固定的一组对应的特征值。同一个人图像对应的特征值相接近，不同人的图像对应的特征值差值较大，这是进行人脸比对的依据。目前主流的一些开源人脸识别算法，如 facenet、OpenFace 等，会固定把这些人脸特征编码成 128 维的向量，每个 128 维里包括不同人的显著特征信息。

(4) 人脸匹配。根据当前图像的人脸特征寻找图像数据库的人脸数据，通过计算编码特征之间的距离来确认是否是同一人。同一人的不同照片提取出的特征值在特征空间里距离很近，不同人的脸在特征空间里相距较远，通过这种方式即可识别两张脸是不是同一个人。

6.1.1　人脸检测

人脸检测的目的是寻找图片中人脸的位置，当发现有人脸出现在图片中时，计算得到人脸的坐标信息，使用框将人脸标记出来或者将人脸切割出来。图 6-2 所示为人脸检测效果。

图 6-2　人脸检测效果

基于方向梯度直方图(Histogram of Oriented Gradient，HOG)的人脸检测算法是常用人脸检测算法：通过方向梯度直方图对物体检测特征进行提取，使用传统学习算法(如支持向量机)对特征进行匹配，实现人脸检测功能。

方向梯度直方图是一种在计算机视觉和图像处理中用来进行物体检测的特征描述子，其通过计算和统计图像局部区域的梯度方向直方图来构成特征。其基本步骤是先将图片灰度化，接着计算图像中像素的梯度。将图像转变成方向梯度直方图形式后，进行匹配比较就可以获得人脸位置。

因为颜色信息对于人脸检测而言没有太大用，因此常常需要将图片灰度化，如图 6-3 所示。

图 6-3　彩色图像灰度化

方向梯度直方图需要通过计算像素的梯度得到，通过分析每个像素以及其周围的像素，根据明暗度绘制一个箭头，箭头的指向代表像素逐渐变暗的方向，这些箭头即被称为梯度。将图像分割成 16 像素 × 16 像素的小方块，在每个小方块中计算出每个主方向有多少个梯度(有多少指向上、指向右上、指向右等)，然后用指向性最强的那个方向箭头代替该小方块。这样即可将原始图像转换成一个非常简单的方向梯度直方图表达形式，其可以很轻松地捕获面部的基本结构，如图 6-4 所示。

图 6-4　人脸方向梯度直方图

为了在方向梯度直方图图像中找到脸部，需要与已知的一些方向梯度直方图图案进行对比，找出最相似的部分。这些方向梯度直方图图案都是从其他面部训练数据中提取出来的。方向梯度直方图对图像特征进行提取，得到人脸的显著特征，有利于后面的人脸检测过程。提取的方向梯度直方图特征使用机器学习算法(如支持向量机)进行训练后就可以进行人脸检测，比较实用的一种人脸检测方案是 HOG + SVM(Support Vector Machine，支持向量机)。

目前有很多开源的人脸检测算法，本项目中采用 dlib 模块实现人脸检测功能，人脸检测返回的结果是包括人脸部分的矩形框对应的 4 个坐标点。

6.1.2　人脸对齐

人脸对齐是将不同角度的人脸图像对齐成同一种标准的形状。首先定位人脸上的特征点，然后通过几何变换(仿射、旋转、缩放)使各个特征点对齐(将眼睛、嘴等部位移到相同位置)。图 6-5 描述了人脸对齐过程。

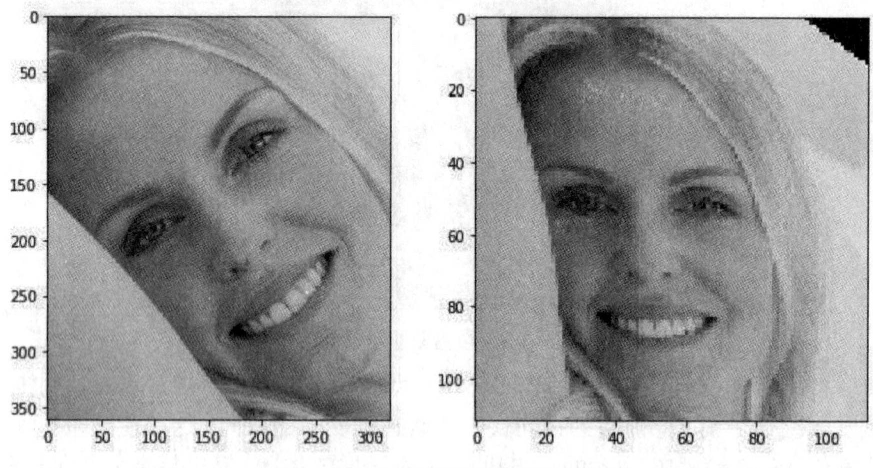

图 6-5　人脸对齐过程

为了实现人脸对齐，一般使用面部特征点估计算法(face landmark estimation)，其基本思路是找到 68 个人脸的特征点，如图 6-6 所示。

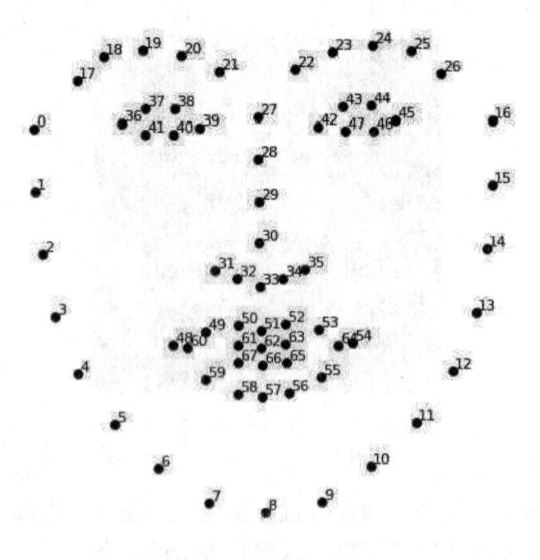

图 6-6　人脸特征点

通过这 68 个点可以轻松定位眼睛和嘴巴等，还可以根据点的位置对图像进行旋转、缩放等操作，使眼睛和嘴巴尽可能靠近中心，并通过相应的操作使人脸对齐，以使人脸识别更加准确。

6.1.3 人脸编码

将 6.1.2 节中人脸检测得到的未知人脸图像与已知人脸图像对比可以进行人脸区分，当发现未知人脸与一个以前标注过的人脸看起来相似时，就可以判断它们是同一个人的人脸图像。

人类可以通过眼睛大小、头发颜色等信息轻松地分辨不同的两张人脸；但对于计算机来说，这些信息却没有太大价值。实际上，最准确的方法是让计算机自己找出需要收集的特征值。深度学习比人类更懂得哪些面部测量值比较重要，所以一般人脸识别解决方案是训练一个深度卷积神经网络，深度卷积神经网络为每个脸部生成 128 维特征值，每个 128 维特征值中包括不同人的显著特征信息，人脸图像的像素值会通过神经网络被转换成 128 维特征向量，如图 6-7 所示。理想情况下，同一个主体的所有人脸都应该映射到相似的特征向量。

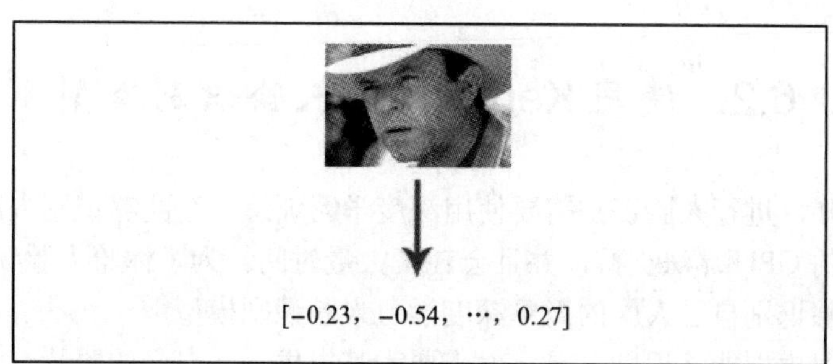

图 6-7 人脸映射成特征向量

网络训练需要 3 张不同的人脸图像：第 1 张是已知人的面部训练图像，第 2 张是同一个人的另一张图像，第 3 张是另外一个人的图像。算法模型为这 3 个图像生成相对应的特征值。训练神经网络时，应确保第 1 张和第 2 张生成的特征值接近，而第 2 张和第 3 张生成的特征值尽量不同。通过不断地调整样本，重复进行训练，就可使该模型轻松识别出人脸。

6.1.4 人脸匹配

6.1.3 节将两个图像编码成两个特征向量，在人脸匹配模块中进行比较匹配，从而得到一个相似度分数，该分数给出了两者属于同一个人的可能性。人脸匹配是指将每个人脸编码成固定的特征向量，通过与数据库中每个人脸的特征向量值进行比较，寻找出特征值最接近的那个人脸。一般情况下，可通过计算这两个特征之间的欧氏距离得到两个人脸的相似程度，其常用欧氏距离公式如下：

$$d(\boldsymbol{x},\boldsymbol{y})=\sqrt{(\boldsymbol{x}_1-\boldsymbol{y}_1)^2+(\boldsymbol{x}_2-\boldsymbol{y}_2)^2+\cdots+(\boldsymbol{x}_n-\boldsymbol{y}_n)^2}=\sqrt{\sum_{i=1}^{n}(\boldsymbol{x}_i-\boldsymbol{y}_i)^2}$$

上式表达了两个人脸向量 $\boldsymbol{x}$ 和 $\boldsymbol{y}$ 之间的接近程度，欧氏距离越小，那么两个人脸的相似度越高。因此，应设置一个欧氏距离阈值，当计算结果小于该阈值时就认定他们是同一个人，如图 6-8 所示。

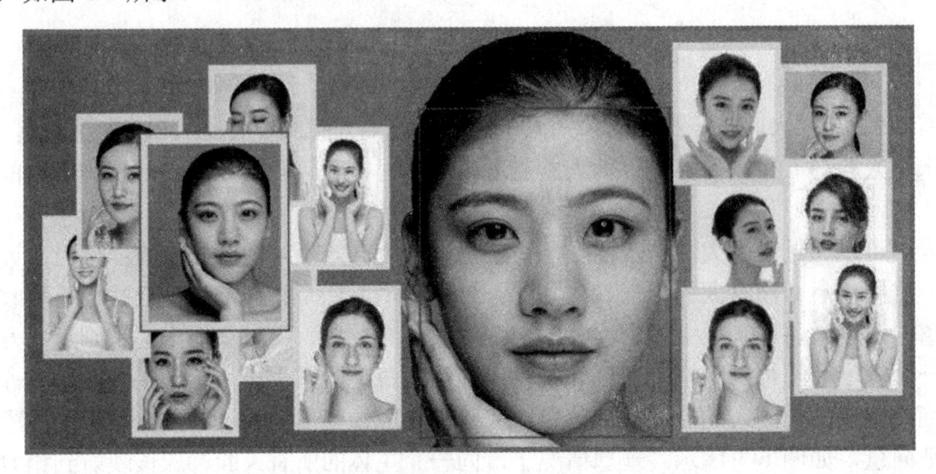

图 6-8　从数据库比较最匹配的人脸

6.2　使用 Keras 构建人脸识别模型

由 6.1 节可知，进行人脸识别需要使用深度学习训练一个能够识别人脸特征的模型，该过程需要强大的 GPU 算法支持，并且会耗费大量时间。为了体验人脸识别的完整过程，本节设计一个能够识别自己人脸的简单深度学习人脸识别模型。

要想深度学习模型能够识别自己，就需要为其提供一些自己的照片，让它记住所要识别的人脸特征。另外，还需要为它提供一些其他人的照片作为参照。下面搭建一个能识别自己的深度学习人脸识别模型。该过程包括 3 个步骤：数据集准备、模型设计与训练、使用模型进行识别，下面分别进行讲解。

6.2.1　数据集准备

要训练一个深度学习模型，首先需要准备对应的数据集。本实战中，数据集包括两部分：本人图像以及其他人图像。其中，本人图像通过摄像头获得，其他人图像通过下载开源人脸数据集并处理后得到。

首先获取本人图片集，最简单的方式就是拍照。为了快速得到自己的照片，可以采用 OpenCV 程序读取摄像头的数据，并对照片进行自动批量保存。理论上来说，照片越多，训练出来的模型的识别准确率越高，建议采集照片数量为 1000 张以上。通过程序拍摄不同表情的人脸图像，可以提高训练后模型的准确率；同时，在程序中加入随机改变对比度与亮度的功能，也可以提高照片样本的多样性。

为了得到人脸的位置信息，进行人脸截取，需要进行人脸检测。本项目中使用 dlib 模块进行人脸检测。dlib 模块是一个包含机器学习算法的 C++ 开源工具包，其创建了很多复杂的机器学习算法来解决实际问题。目前 dlib 模块已经被广泛地应用在机器人、嵌入式设备、移动电话等机器人嵌入式设备行业和领域。虽然其底层代码是使用 C++ 编写的，但是目前支持 Python 接口。dlib 模块提供了人脸检测与人脸识别算法，因此本节在人脸采集过程中使用 dlib 模块进行人脸检测。

dlib 模块安装命令如下(注意必须安装 dlib 19.7.0，否则会出现安装不成功问题)：

```
pip install dlib==19.7.0
```

程序代码如下：

```
#代码路径:/第 6 章/数据采集/get_my_faces.py
#导入所需模块
import cv2
import dlib
import os
import random
#创建目录路径
output_dir = './my_crop_faces'
size = 160
#如果没有该目录，将自动创建该目录
if not os.path.exists(output_dir):
os.makedirs(output_dir)
#实现改变图片的对比度与亮度
def relight(img, light = 1, bias = 0):
    w = img.shape[1]
    h = img.shape[0]
    for i in range(0, w):
        for j in range(0, h):
            for c in range(3):
                #使用 img[j, i, c]取得图像的一个像素值，乘以对比度参数 light，再加上亮度
                #参数 bias
                tmp = int(img[j, i, c] * light + bias)
                #将像素值截取到(0，255)范围，防止溢出
                if tmp > 255:
                    tmp = 255
                elif tmp < 0:
                    tmp = 0
                    img[j, i, c] = tmp
    return img
#定义人脸检测的特征提取器
#使用 dlib 模块自带的 frontal_face_detector 作为特征提取器
detector = dlib.get_frontal_face_detector()
#打开摄像头并对数据进行处理
```

```
#参数 camera 为输入流，可以为摄像头或视频文件
#如果输入参数为 0，表示读取摄像头数据；如果输入参数为视频文件路径，则读取视频数据
#步骤 01 读取摄像头数据
camera = cv2.VideoCapture(0)
index = 0
while True:
    if(index <= 1000):
        print('Being processed picture %s' % index)
        #从摄像头读取照片
        success, img = camera.read()
        #步骤 02 将彩色图像转为灰度图像
        gray_img = cv2.cvtColor(img, cv2.COLOR_BGR2GRAY)
        #步骤 03 使用 dlib 模块定义的特征提取函数进行人脸检测，得到坐标信息
        dets = detector(gray_img, 1)
        #步骤 04 使用坐标信息截取人脸图像
        for i, d in enumerate(dets):
            x1 = d.top() if d.top() > 0 else 0
            y1 = d.bottom() if d.bottom() > 0 else 0
            x2 = d.left() if d.left() > 0 else 0
            y2 = d.right() if d.right() > 0 else 0
            #根据坐标信息对图像进行切片操作，截取人脸图像
            face = img[x1: y1, x2: y2]
            #步骤 05 调整图片的对比度与亮度
            #调整图片的对比度与亮度。对比度与亮度值都取随机数，这样能增加样本的多样性
            face = relight(face, random.uniform(0.5, 1.5),\
                           random.randint(-50, 50))
            #步骤 06 将所有人脸缩放成固定大小: 160 像素 × 160 像素
            face = cv2.resize(face, (size, size))
            #步骤 07 在图像窗口 image 显示处理后的图像
            cv2.imshow('image', face)
            #步骤 08 使用帧号保存对应的图像
            cv2.imwrite(output_dir + '/' + str(index) + '.jpg', face)
            index += 1
            key = cv2.waitKey(30) & 0xff
            #数值 27 对应 Esc 键的 ASCII 值
            if key == 27:
                break
            else:
                print('Finished!')
```

输出结果如图 6-9 所示。

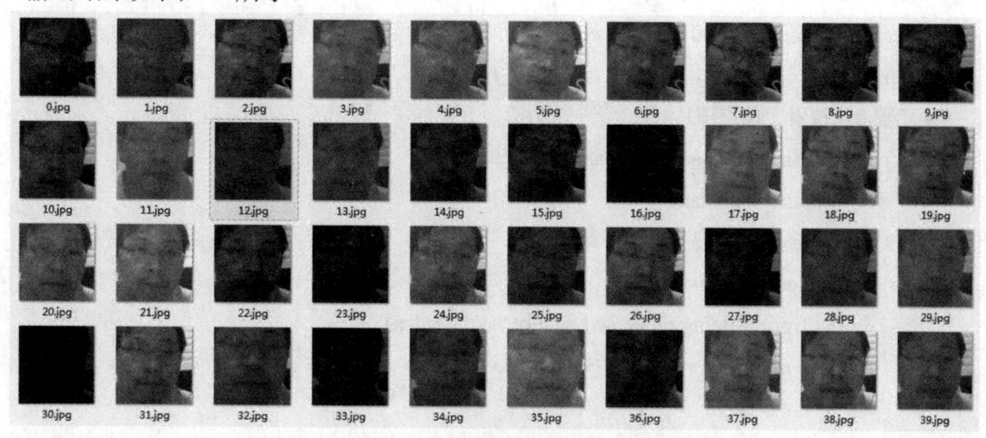

图 6-9　人脸图像采集结果

用摄像头拍摄人脸后，提取人脸进行检测，截取人脸区域，输出图像，从而获取自己的人脸数据集。

对于其他人脸，这里下载开源的人脸数据集。LFW(labled faces in the wild)人脸数据集是目前人脸识别的常用数据集，下载网址为 http://vis-www.cs.umass.edu/lfw/ lfw.tgz。LFW 人脸数据集提供的人脸图片均来源于生活中的自然场景，共有 13 233 张人脸图像。每张图像均给出了对应的人名，共有 5749 人，其中部分人仅有一张图片。每张图片的尺寸为 250 像素 × 250 像素，绝大部分为彩色图像。将下载的图片集解压到目录下，会发现很多图片有背景信息。背景信息在训练深度学习模型时会降低识别准确率，因此使用程序对图片进行处理，截取图像中的人脸部分。

下面的程序将实现批量处理图片，截取每张图片中的人脸部分，并且缩放成 160 像素 × 160 像素大小。程序中通过 input_dir = './input_img' 设置输入目录，所有解压的图片集目录必须一致，目录名为 input_img。只有保持程序中的输入目录变量 input_dir 与实际解压数据集目录名称相同，才能正确运行程序。

```
#代码路径:/第 6 章/数据采集/get_dir_faces.py
#导入所需相关模块
import sys
import os
import cv2
import dlib
#定义目录路径
input_dir = './input_img'
output_dir = './other_faces'
size = 160
#如果没有该目录，将自动生成
if not os.path.exists(output_dir):
    os.makedirs(output_dir)
#定义特征提取器
```

```
#使用 dlib 模块自带的 frontal_face_detector 作为特征提取器
detector = dlib.get_frontal_face_detector()
index = 1
#步骤 01  搜索文件夹图片
for (path, dirnames, filenames) in os.walk(input_dir):
    for filename in filenames:
        #判断文件名是否以.jpg 结尾
        if filename.endswith('.jpg'):
            print('Being processed picture %s' % index)
            img_path = path + '/' + filename
            #步骤 02  从文件中读取图片
            img = cv2.imread(img_path)
            #转为灰度图片
            gray_img = cv2.cvtColor(img, cv2.COLOR_BGR2GRAY)
            #步骤 03  使用 detector 进行人脸检测，dets 为返回结果
            dets = detector(gray_img, 1)
            #使用 enumerate  函数遍历序列中的元素及其下标
            #下标 i 即为人脸序号
            #left：人脸左边距离图片左边界的距离；right：人脸右边距离图片右边界的距离
            #top：人脸上边距离图片上边界的距离；bottom：人脸下边距离图片下边界的距离
            for i, d in enumerate(dets):
                x1 = d.top() if d.top() > 0 else 0
                y1 = d.bottom() if d.bottom() > 0 else 0
                x2 = d.left() if d.left() > 0 else 0
                y2 = d.right() if d.right() > 0 else 0
                #步骤 04  根据坐标截取人脸位置图像
                face = img[x1: y1, x2: y2]
                #步骤 05  将所有人脸图像缩放成固定大小 160 像素 × 160 像素
                #调整图片的尺寸
                face = cv2.resize(face, (size, size))
                #步骤 06  在图像窗口 image 显示处理后的图像
                cv2.imshow('image', face)
                #步骤 07  使用帧号保存对应的图像
                cv2.imwrite(output_dir + '/' + str(index) + '.jpg', face)
                index += 1
                key = cv2.waitKey(30) & 0xff
                if key == 27:
                    sys.exit(0)
```

输出结果如图 6-10 所示。

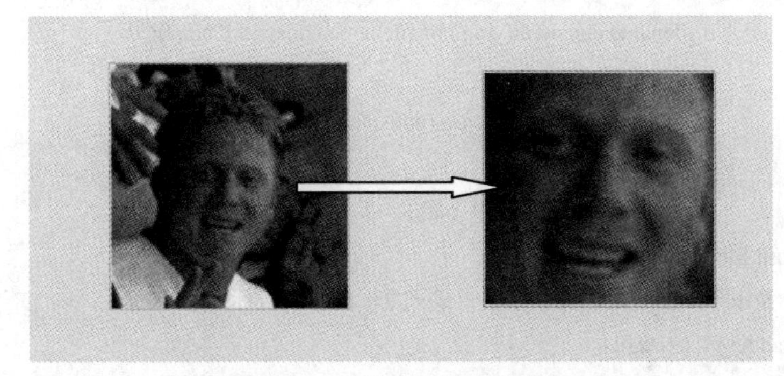

图 6-10　人脸检测与截取结果

上述程序通过 os.walk 函数搜索整个文件夹下的所有图片，得到每一张图片的全路径后进行处理。通过遍历目录下的所有图片，然后进行人脸特征提取，截取图片中的人脸部分信息进行保存，最终得到人脸数据集。

6.2.2　模型设计与训练

有了训练数据集之后，接下来使用 Keras 构建卷积神经网络模型。通过读取自己人脸与他人人脸的数据图片，进行数据模型训练，训练出来的模型能够记住自己人脸的特征，并能够正确区分自己人脸与他人人脸。模型设计与训练分为两个步骤进行：① 数据与标签读取；② 模型训练。

1. 数据与标签读取

在进行模型训练前，需要准备好训练数据并将其输入卷积神经网络进行训练。6.2.1 节已经准备好了自己人脸以及他人人脸图像，但并没有进行标注。标注后的数据需要加载到内存，以方便输入卷积神经网络模型。因此，下一步工作就是标注并加载数据到内存。

首先建立一个空白的 Python 文件，文件名为 read_data.py，用于进行数据与标签的读取。程序代码如下：

```
#代码路径:/第 6 章/read_data.py
import os
import cv2
import numpy as np
from sklearn.model_selection import train_test_split
from keras.utils import np_utils
import random
#得到文件目录所有的 .jpg 格式图片文件夹路径列表
def get_files(input_dir):
    file_list = []
    for (path, dirnames, filenames) in os.walk(input_dir):
        #print(dirnames)          #在当前文件夹下的文件夹
        #print(filenames)         #在当前文件夹下的文件
        for filename in filenames:
```

```
                if filename.endswith('.jpg') or filename.endswith('.bmp'):
                    print(filename)
                    full_path = os.path.join(path, filename)
                    print(full_path)
                    file_list.append(full_path)
    return file_list
#有些不是正方形，因此需要计算填充成正方形的位置坐标
def getPaddingSize(img):
    #不需要的值，但是需要返回，可以赋值给“_”
    h, w, _ = img.shape
    top, bottom, left, right = (0, 0, 0, 0)
    #得到图像长宽中的最大值 longest
    longest = max(h, w)
    #填充边长值较小的边，假设宽度较小，那么需要填充长度是 longest - w，两边均匀填充
    if w < longest:
        tmp = longest - w
        #"//"表示整除符号
        left = tmp // 2
        right = tmp - left
    elif h < longest:
        tmp = longest - h
        top = tmp // 2
        bottom = tmp - top
    else:
        pass
    return top, bottom, left, right
#使用 OpenCV 读取图像，扩充图片边缘部分，并且缩放图片，以及获取标签
def read_img_label(file_list, label):
    size = 64
    imgs = []
    labs = []
    num = 0
    for filename in file_list:
        img = cv2.imread(filename)
        top, bottom, left, right = getPaddingSize(img)
        #将图片放大，扩充图片边缘部分
        img = cv2.copyMakeBorder(img, top, bottom, left, right,
                                 cv2.BORDER_CONSTANT, value=[0, 0, 0])
        img = cv2.resize(img, (size, size))
```

```
            imgs.append(img)
            labs.append(label)
            num = num + 1
    return imgs, labs
#为两个文件夹中的图像设置对应的标签
def read_dataset():
    #自己人脸图片目录
    input_dir = "./people_data/hujianhua"
    all_imgs_list = []
    all_label_list = []
    my_file_list = get_files(input_dir)
    #0->[0, 1] 1->[1, 0]
    label = 0#[0, 1]
    my_imgs_list, my_labs_list = read_img_label(my_file_list, label)
    #其他人人脸图片目录
    input_dir = "./people_data/other_faces"
    others_file_list = get_files(input_dir)
    label = 1#[1, 0] #->0
    others_imgs_list, others_labs_list = read_img_label(others_file_list, label)
    #将自己人脸与其他人人脸数据及标签分别合并到一个列表中
    for img in my_imgs_list:
        all_imgs_list.append(img)
    for img in others_imgs_list:
        all_imgs_list.append(img)
    for label in my_labs_list:
        all_label_list.append(label)
    for label in others_labs_list:
        all_label_list.append(label)
    imgs_array = np.array(all_imgs_list)
    labs_array = np.array(all_label_list)
    return imgs_array, labs_array
#加载数据集，按照交叉验证原则划分数据集并进行相关预处理工作
def load_data(img_rows=64, img_cols=64, img_channels=3, nb_classes=2):
    #步骤 01 加载数据集到内存
    images, labels = read_dataset()
    print(images.shape)
    print(labels.shape)
    #步骤 02 将整个数据集划分为训练集和验证集
    train_images, valid_images, train_labels, valid_labels =
```

```
        train_test_split(images, labels, test_size=0.3,
                         random_state=random.randint(0, 100))
    #步骤 03 将整个数据集划分出测试集
    _, test_images, _, test_labels = train_test_split(images, labels,
                                                      test_size=0.5,
                                                      random_state=random.randint(0, 100))
    #步骤 04 进行维度变形
    train_images = train_images.reshape(train_images.shape[0],
                                        img_rows, img_cols, img_channels)
    valid_images = valid_images.reshape(valid_images.shape[0],
                                        img_rows, img_cols, img_channels)
    test_images = test_images.reshape(test_images.shape[0],
                                      img_rows, img_cols, img_channels)
    input_shape =(img_rows, img_cols, img_channels)
    #输出训练集、验证集、测试集的数量
    print(train_images.shape[0], 'train samples')
    print(valid_images.shape[0], 'valid samples')
    print(test_images.shape[0], 'test samples')
    #步骤 05 使用 to_categorical 对数据标签进行独热编码
    #类别只有两种，经过转化后标签数据变为二维
    train_labels = np_utils.to_categorical(train_labels, nb_classes)
    valid_labels = np_utils.to_categorical(valid_labels, nb_classes)
    test_labels = np_utils.to_categorical(test_labels, nb_classes)
    print(train_labels.shape)
    print(valid_labels.shape)
    print(test_labels.shape)
    #步骤 06 像素数据浮点化，以便归一化
    train_images = train_images.astype('float32')
    valid_images = valid_images.astype('float32')
    test_images = test_images.astype('float32')
    #步骤 07 将其归一化,图像的各像素值归一化到 0~1 区间
    train_images /= 255
    valid_images /= 255
    test_images /= 255
    return train_images, train_labels, valid_images, \
           valid_labels, test_images, test_labels
train_images, train_labels, valid_images, valid_labels, \
test_images, test_labels = load_data()
```

上述代码中，考虑到有些图片不是正方形，在短的那两边增加两条黑色边框，并使用

cv2.copyMakeBorder 函数使图像变成正方形，通过调用 cv2.resize 函数使图像缩放到 64 像素 × 64 像素。

上述代码中非常关键的函数是 load_data，用于完成数据标签处理、数据加载及预处理工作，包括如下几个步骤：

(1) 数据读取：为自己人脸以及他人人脸添加标签，实现读取所有图片，作为整个数据集；

(2) 数据集划分：按照交叉验证原则将数据集划分成训练集、验证集和测试集 3 部分；

(3) 数据维度处理：按照 Keras 库运行的后端系统要求改变图像数据的维度顺序；

(4) One-Hot 编码：将数据标签进行 One-Hot 编码，使其向量化；

(5) 图像数据归一化：将数据范围缩小到 0～1。

下面将依次对上述步骤进行详细阐述。

(1) 数据读取：数据集中有两个文件夹，分别是自己人脸图片和其他人人脸图片。通过 os.walk 函数搜索得到一个文件夹中的所有图片，设置自己人脸文件夹对应标签 label = 0，设置其他人脸文件夹标签 label = 1。使用 OpenCV 函数 cv2.imread 读取图像数据，将自己人脸和其他人人脸的数据与标签合并，构成整个数据集。

(2) 数据集划分：在进行模型训练时，一般会将整个数据集划分为训练集、验证集和测试集。训练集是确定模型后用于训练参数的数据集，使用该数据集进行多次迭代和不断更新参数后，模型准确率将逐步上升。使用训练集对模型训练完毕后，在模型训练过程中再用验证集对其进行测试，输出准确率信息。虽然验证集没有对模型的参数产生影响，但是可以根据验证集的测试结果的准确率调整参数，所以验证集对结果是有影响的，其能使模型在验证集上达到最优。测试集不会对模型的参数产生影响，其只用于测试模型的准确率。

为了提高模型准确率，使模型能够交付使用，需要进行数据集划分。在模型交付时一般使用交叉验证提升模型的可靠性和稳定性。通常将大部分数据用于模型训练，小部分数据用于对训练后的模型进行验证，验证结果会与验证集真实值(标签值)比较并计算出差平方和。此项工作重复进行，直至所有验证结果与真实值相同，交叉验证结束，模型交付使用。

本程序中导入 sklearn 库的交叉验证模块，利用 train_test_split 函数来划分训练集和验证集，代码如下：

```
train_images, valid_images, train_labels, valid_labels = train_test_split(images, labels, test_size=0.3,
random_state=random.randint(0, 100))
```

train_test_split 函数会根据参数 test_size = 0.3 按比例划分数据集，其中 test_size 用来指定数据集划分比例，这里将 30%的数据用于验证，70%的数据用于训练模型；参数 random_state 用于指定一个随机数种子，从全部数据中随机选取数据建立训练集和验证集，因此每次运行程序后训练集和验证集都会稍有不同。同样，调用该函数可以划分出对应的测试集。

(3) 数据维度处理：为了便于 Keras 模型的训练，需要通过 NumPy 提供的 reshape 函数重新调整数组维度，代码如下：

```
train_images = train_images.reshape(train_images.shape[0], img_rows, img_cols, img_channels)
```

(4) One-Hot 编码：对标签集进行 One-Hot 编码的原因是训练模型采用 categorical_crossentropy 作为损失函数，该函数要求标签集必须采用 One-Hot 编码形式，所以需要对训练集、验证集和测试集标签进行编码转换。One-Hot 编码采用状态寄存器的组织方式对状态进行编码，项目中有两种类别(nb_classes = 2)：0(代表自己)和 1(代表其他人)。One-Hot 会提供两个寄存器位保存这两个状态，如果标签值为 0，则编码后值为[1 0]，代表第一位有效；如果为 1，则编码后值为[0 1]，代表第二位有效。One-Hot 编码将数值变成了位置信息，使其向量化，这样更方便卷积神经网络操作。

(5) 图像数据归一化：为了提升网络收敛速度，减少训练时间，一般将数据集进行浮点与归一化运算。通过数据归一化能够适应值域在(0, 1)的激活函数，增大区分度，确保特征值权重一致。当使用均方误差函数时，其计算方法是两个值相减后再平方，如果不进行归一化，特征值会比较大，而由于误差值与特征值成正比例关系，因此会给误差值带来比较大的影响。但是，在大部分情况下，特征值的权重应该是一样的，只是因为单位不同才导致数值相差甚大。因此，需要提前对特征数据进行归一化处理。

2. 模型训练

前面已经实现了数据集的读取与处理，下面构建卷积神经网络模型，使用数据集训练一个.h5 格式的模型，并将模型保存在 save_model 文件夹。新建名为 model_data.py 的文件，代码如下：

```
#代码路径:/第 6 章/model_train.py
from keras.models import Sequential
from keras.layers import Dense, Dropout, Flatten, MaxPooling2D, \
                                Convolution2D, Activation
from sklearn.linear_model import SGDClassifier as SGD
#建立模型
def build_model(nb_classes=2):
    #构建一个空的网络模型，它是一个线性堆叠模型，各神经网络层会被顺序添加
    #其专业名称为序贯模型或线性堆叠模型
    model = Sequential()
    #以下代码将顺序添加卷积神经网络需要的各层，一个 add 就是一个网络层
    #添加一个卷积神经网络 Convolution2D，通道为 32，卷积系数为 3 像素 × 3 像素，
    #模式使用 'same'，卷积之后的图像大小与原图像一致
    model.add(Convolution2D(32, 3, 3, border_mode='same',
                                input_shape=(64, 64, 3)))#2 维卷积层
    model.add(Activation('relu'))                  #激活函数层
    model.add(Convolution2D(32, 3, 3))             #2 维卷积层
    model.add(Activation('relu'))                  #激活函数层
    model.add(MaxPooling2D(pool_size=(2, 2)))      #池化层
    model.add(Dropout(0.25))  #Dropout 层
    model.add(Convolution2D(64, 3, 3, border_mode='same'))         #2 维卷积层
```

```
    model.add(Activation('relu'))                    #激活函数层
    model.add(Convolution2D(64, 3, 3))               #2 维卷积层
    model.add(Activation('relu'))                    #激活函数层
    model.add(MaxPooling2D(pool_size=(2, 2)))        #池化层
    model.add(Dropout(0.25))                         #Dropout 层
    model.add(Flatten())                             #Flatten 层
    model.add(Dense(512))                            #Dense 层，又称全连接层
    model.add(Activation('relu'))                    #激活函数层
    model.add(Dropout(0.5))                          #Dropout 层
    model.add(Dense(nb_classes))                     #Dense 层
    model.add(Activation('Softmax'))                 #分类层，输出最终结果
    #输出模型概况
    print(model.summary())
    return model
#步骤 01 建立模型
model = build_model()
#采用 SGD+momentum 的优化器进行训练，首先生成一个优化器对象
sgd = SGD(lr=0.01, decay=1e-6, momentum=0.9, nesterov=True)
#步骤 02 完成实际的模型配置工作
model.compile(loss='categorical_crossentropy',
              optimizer=sgd,
              metrics=['accuracy'])
#步骤 03 调用之前的数据集读取函数
train_images, train_labels, valid_images, valid_labels, test_images, test_labels = load_data()
#步骤 04 加载数据集，进行模型的训练
batch_size = 20
nb_epoch = 10
train_history = model.fit(train_images,
                          train_labels,
                          batch_size=batch_size,
                          nb_epoch=nb_epoch,
                          validation_data=(valid_images, valid_labels),
                          shuffle=True)
#步骤 05 对训练好的模型进行网络准确率评估
scores = model.evaluate(test_images, test_labels)
print('accuracy=', scores[1])
model.save('./me.face.model.h5')
```

build_model 函数表示建立深度学习模型，通过调用 model.summary 函数，将建立好的网络模型基本结构信息展示出来，包括层类型、维度、参数个数、层连接等信息，如

图 6-11 所示。

```
_________________________________________________________________
Layer (type)                 Output Shape              Param #
=================================================================
conv2d_1 (Conv2D)            (None, 64, 64, 32)        896
_________________________________________________________________
activation_1 (Activation)    (None, 64, 64, 32)        0
_________________________________________________________________
conv2d_2 (Conv2D)            (None, 62, 62, 32)        9248
_________________________________________________________________
activation_2 (Activation)    (None, 62, 62, 32)        0
_________________________________________________________________
max_pooling2d_1 (MaxPooling2 (None, 31, 31, 32)        0
_________________________________________________________________
dropout_1 (Dropout)          (None, 31, 31, 32)        0
_________________________________________________________________
conv2d_3 (Conv2D)            (None, 31, 31, 64)        18496
_________________________________________________________________
activation_3 (Activation)    (None, 31, 31, 64)        0
_________________________________________________________________
conv2d_4 (Conv2D)            (None, 29, 29, 64)        36928
_________________________________________________________________
activation_4 (Activation)    (None, 29, 29, 64)        0
_________________________________________________________________
max_pooling2d_2 (MaxPooling2 (None, 14, 14, 64)        0
_________________________________________________________________
dropout_2 (Dropout)          (None, 14, 14, 64)        0
_________________________________________________________________
flatten_1 (Flatten)          (None, 12544)             0
_________________________________________________________________
dense_1 (Dense)              (None, 512)               6423040
_________________________________________________________________
activation_5 (Activation)    (None, 512)               0
_________________________________________________________________
dropout_3 (Dropout)          (None, 512)               0
_________________________________________________________________
dense_2 (Dense)              (None, 2)                 1026
_________________________________________________________________
activation_6 (Activation)    (None, 2)                 0
=================================================================
Total params: 6,489,634
Trainable params: 6,489,634
Non-trainable params: 0
_________________________________________________________________
```

图 6-11　深度学习网络模型

由图 6-11 可以看出，该网络模型共 18 层，包括 4 个卷积层、5 个激活函数层、2 个池化层、3 个 Dropout 层、2 个全连接层、1 个平坦层和 1 个分类层，训练参数为 6 489 634 个。

下面分别介绍卷积层、池化层、Dropout 层、平坦层(flatten layer)、全连接层(dense layer)以及分类层相关函数的基本原理与使用方法。

(1) 卷积层：Keras 深度学习框架中使用 Convolution2D 函数实现卷积功能。2D 代表 2 维卷积，对 2 维输入进行滑窗卷积计算。因为脸部图像尺寸为 64 像素 × 64 像素，拥有长、宽 2 维，所以使用 2 维卷积函数计算卷积。滑窗是利用卷积核逐个像素、顺序进行计算的。卷积计算过程如图 6-12 所示。

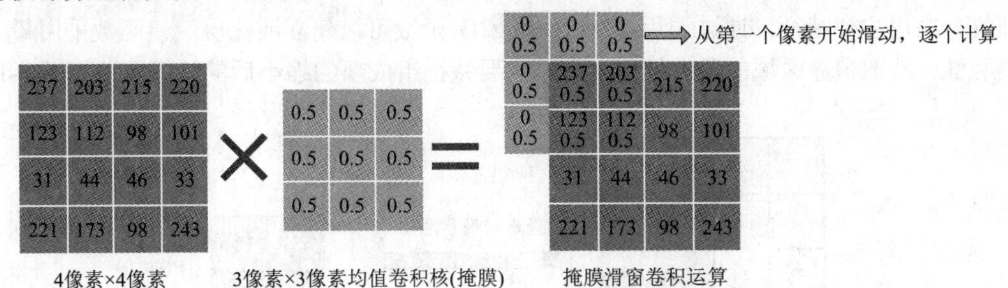

图 6-12　卷积计算过程

图 6-12 中使用了 3 像素 × 3 像素大小均值卷积核，将该卷积核作为掩膜对 4 像素 × 4 像素大小的图像逐个像素作卷积运算。首先将卷积核中心对准图像第一个像素，即图 6-12 中卷积核中心对应 237 的那个方格。卷积核覆盖的区域下所有像素分别与卷积系数相乘后相加：

$$C(1) = 0 \times 0.5 + 0 \times 0.5 + 0 \times 0.5 + 0 \times 0.5 + 237 \times 0.5 + 203 \times 0.5 + 0 \times 0.5 + 123 \times 0.5 + 112 \times 0.5$$

用计算得到的结果直接替换卷积核中心覆盖的像素值。接着将卷积核中心对准第二个像素、第三个像素，从左至右，由上到下，依此类推，使卷积核逐个覆盖所有像素。整个操作过程像一个滑动的窗口逐个滑过所有像素，最终生成一幅与原始图像尺寸相同但已经过卷积处理后的图像。图 6-12 中使用的是均值卷积核，每个卷积滤波系数都为 0.5，实际效果就是将图像变模糊。当卷积核覆盖图像边界像素时，会有部分区域越界，常用处理方法是将越界的部分以 0 填充；还有一种处理方法就是丢弃边界像素，从覆盖区域不越界的像素开始计算。在图 6-12 中，如果采用丢弃边界像素的方法，则 3 像素 × 3 像素的卷积核就应该从第 2 行第 2 列的像素(值为 112)开始，到第 3 行第 3 列结束，卷积之后得到一个 2 像素 × 2 像素的图像。这种处理方式会丢弃图像的边界特征，而第一种方式则会保留图像的边界特征。

在建立的模型中，可以设置卷积层图像处理边界方式和卷积核尺寸大小等参数，使用 Convolution2D 函数指定，代码如下：

```
model.add(Convolution2D(32, 3, 3, border_mode='same', input_shape=dataset.input_shape))
```

第一个卷积层包含 32 个卷积核，每个卷积核大小为 3 像素 × 3 像素。border_mode 的值为 same，表示采用保留边界特征的方式滑窗，输出卷积图像与原始图像大小一致；如果设置 border_mode 的值为 valid，则指定丢弃边界像素，卷积后的图像比原始图像小。当将卷积层作为网络的第一层时，通过 input_shape 参数设置输入数据的形状。此程序中 input_shape 的值为(64, 64, 3)，来自 Dataset 类，代表输入 64 像素 × 64 像素的彩色 RGB 图像。

(2) 激活函数层：代码中采用修正线性单元函数作为激活函数。该函数的优点是收敛速度快，对于小于 0 的输入，输出全部为 0；而对于大于 0 的输入，输出与输入相等。Keras 库还支持其他几种激活函数，如 Softplus、Softsign、tanh、Sigmoid、Hard_Sigmoid、Linear 等。

根据不同的需求选择不同的激活函数。激活函数层也属于人工神经元的一部分，在构造层对象时通过传递 Activation 参数进行设置，代码如下：

```
self.model.add(Activation('relu'))        #激活函数层
```

(3) 池化层：池化层存在的目的是缩小输入的特征图，简化网络计算复杂度，进行特征压缩，突出主要特征。通过调用 MaxPooling2D 函数可以建立池化层，该函数采用最大值池化法，选取覆盖区域的最大值作为区域主要特征组成新的缩小后的特征图，如图 6-13 所示。

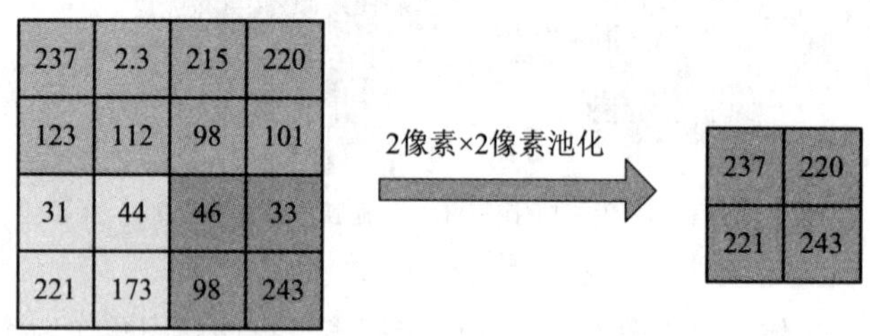

图 6-13　池化过程

池化层与卷积层覆盖区域的方法不同，前者按照池化尺寸逐块覆盖特征图，卷积层则是逐个像素滑动覆盖。当输入 64 像素 × 64 像素大小的脸部特征图，经过 2 像素 × 2 像素池化后，图像大小变为 32 像素 × 32 像素。

(4) Dropout 层：通过随机断开一定百分比的输入神经元连接，可以防止过拟合。过拟合是指训练数据预测准确率很高，测试数据预测准确率很低的情况。导致过拟合的原因是模型参数很多，但训练样本太少，导致模型拟合过度。为了解决该问题，Dropout 层将有意识地随机减少模型参数，让模型变得简单，而越简单的模型越不容易产生过拟合。每次随机关闭神经元时会出现不同的网络结构，通过训练出不同的网络进行组合，可以防止过拟合。上述代码中，Dropout 函数可以设置抛弃比例参数(为 0～1 的浮点数)，根据训练结果调整训练该参数，可使模型结构更稳定。

(5) 平坦层：在平坦层之前，网络中的数据是多维的(本程序中为 2 维)，经过多次卷积、池化、Dropout 之后，进入全连接层做最后的处理。由于全连接层要求输入的数据必须是一维的，因此必须把输入数据“压扁”成一维后才能进入全连接层。平坦层的作用就是将多维数据变为一维数据，该层不需要任何输入参数。

(6) 全连接层：即多层感知器，其作用是进行分类或回归，这里用来进行分类。Keras 将全连接层定义为 Dense 层，其中一个必填参数就是神经元个数，通过该参数可以指定该层有多少个输出。本程序中，第一个全连接层(Dense(512))指定了 512 个神经元，输出 512 个特征。神经元个数可以根据实际训练效果进行调整。

(7) 分类层：全连接层的最终目的就是完成分类要求(0 或者 1)，模型构建代码的最后两行完成此项工作：

```
model.add(Dense(nb_classes))       #输入 2 个分类的 Dense 层
```

上层按照实际分类要求指定神经元个数。由于本项目中只有 2 个分类，因此将其设置为 2。

```
model.add(Activation('Softmax'))  #使用 softmax 损失函数，输出最终结果
```

上层通过 Softmax 函数完成最终分类。

优化器函数 optimizer = sgd 可以设置模型参数的训练方式，其作用就是调整训练参数(权重和偏置值)使其最优，使损失值最小。Keras 提供了很多优化器，本程序中采用的是 SGD，它是机器学习领域最著名的随机梯度下降法。SGD 函数的第一个参数 lr 用于指定学习效率(Learning Rate，LR)，其值为大于 0 的浮点数；decay 指定每次更新后学习效率的衰减值，必须设置很小的值(1×10^{-6}，0.000 001)，否则速率会衰减很快。

编译函数 compile 的作用就是编译模型以及完成实际的配置工作，为接下来的模型训练做好准备。compile 函数中有一个非常重要的参数——损失函数，它是统计学中衡量损失和错误程度的函数，其值越小，模型就越好。通过优化损失函数，使其值越来越小。本程序中 loss 的值为 categorical_crossentropy，常用于多分类问题，其与激活函数 Softmax 配对使用；参数 metrics 用于指定模型评价指标，参数值 accuracy 表示用准确率来评价。在训练模型时，可以通过调整批量大小(batch_size)和训练周期(nb_epoch)两个参数达到更高的准确率。训练周期指定模型需要训练多少轮次，使用训练集全部样本训练一次为一个训练轮次。根据模型成熟度，可以适当调整该值以增加或减少训练次数。批量大小则是一个影响模型训练结果的重要参数。一个训练轮次要经过多次迭代训练才能让模型逐渐趋向本轮最优，这是因为理论上每次迭代训练结束后，模型都应该朝着梯度下降的方向前进一步，直至全部样本训练完毕，模型梯度到达本轮最小点。对于小的训练集，完全可以采用全部数据集的方式进行训练，因为全部数据集确定的方向肯定能代表正确方向。但这样做对于大的训练集来说无法执行，因为内存有限，无法一次载入全部数据，于是出现了批梯度下降法(mini-batches learning)。通过一次选取适当数量的训练样本，逐批次迭代，直至本轮全部样本训练完毕。参数 batch_size 的作用是指定每次迭代训练样本的数量，该值在选取时应非常注意，不能盲目增大或减小，因为 batch_size 太大或太小都会让模型训练效率变慢。batch_size 存在一个局部最优值，因此调试时可以从一个小值开始，慢慢加大，直至到达一个合理值。通过设置合适的参数，可以得到较为理想的准确率，如图 6-14 所示。

```
160/231 [===================>.........] - ETA: 0s - loss: 3.5240e-05 - acc: 1.0000
180/231 [======================>.......] - ETA: 0s - loss: 4.0485e-05 - acc: 1.0000
200/231 [=========================>.....] - ETA: 0s - loss: 3.8305e-05 - acc: 1.0000
220/231 [===========================>..] - ETA: 0s - loss: 4.3691e-05 - acc: 1.0000
231/231 [==============================] - 2s 10ms/step - loss: 4.6219e-05 - acc: 1.(

 32/166 [====>.........................] - ETA: 0s
 96/166 [================>.............] - ETA: 0s
160/166 [===========================>..] - ETA: 0s
166/166 [==============================] - 0s 1ms/step
accuracy= 1.0
```

图 6-14　网络训练准确率

待模型训练完成，应保存模型，下次需要重新训练时可直接使用。Keras 提供 model.save 函数用于保存模型，保存格式为 HDF5，其文件扩展名为“.h5”，压缩效率更高。

模型保存代码如下：

```
model.save('./ me.face.model.h5')
```

保存的训练好的模型如图 6-15 所示。

名称	修改日期	类型
people_data	2020/7/30 18:14	文件夹
数据采集	2020/7/30 16:23	文件夹
me.face.model.h5	2020/7/31 11:08	H5 文件
model_build.py	2020/7/30 17:54	PY 文件
model_train.py	2020/7/31 11:08	PY 文件
read_data.py	2020/7/30 22:34	PY 文件

图 6-15　保存网络模型

模型的准确率取决于数据集大小，数据集中的样本数量越多，准确率越高，所以数据集的大小与质量至关重要。

6.2.3　使用模型进行识别

下面从模型评估、图片预测和摄像头人脸识别 3 个方面进行模型使用讲解。

1. 模型评估

使用 load_data 函数读入测试集 test_images 和 test_labels，使用 load_model 函数加载模型，使用 model.evaluate 函数评估测试集准确率。

程序代码如下：

```
#代码路径:/第 6 章 model_evaluate.py
#-*- coding: utf-8 -*-
from keras.utils import np_utils
from keras.models import load_model
import os
import cv2
import numpy as np
from sklearn.model_selection import train_test_split
import random
train_images, train_labels, valid_images, valid_labels, test_images, test_labels = load_data()
model = load_model('./me.face.model.h5')
scores = model.evaluate(test_images, test_labels)
print('accuracy=', scores[1])
model.save('./me.face.model.h5')
```

通过读入测试集数据对模型进行评估，输出结果如图 6-16 所示。测试集进行模型评估的准确率为 100%。

```
 32/166 [====>.........................] - ETA: 0s
 96/166 [===============>..............] - ETA: 0s
160/166 [===========================>..] - ETA: 0s
166/166 [==============================] - 0s 1ms/step
accuracy= 1.0
```

图 6-16　使用测试集进行模型评估

2. 图片预测

以下代码实现读取训练好的网络模型，使用模型对输入人脸图像进行预测。

```
#代码路径:/第 6 章/predict_one_img.py
import cv2
from keras.models import load_model
size = 64
#步骤 01 读取图片
img = cv2.imread("./people_data/hujianhua/5.jpg")
#print(img.shape)
#步骤 02 将图像缩放成卷积网络输入尺寸
img = cv2.resize(img, (size, size))
shape_img = (img.reshape(1, 64, 64, 3)).astype('float32') / 255
#步骤 03 导入训练好的模型
model = load_model('./me.face.model.h5')
#步骤 04 预测图像，得到预测结果
prediction = model.predict_classes(shape_img)
print(prediction[0])
```

本程序中采用数据集中的一张图片进行测试，运行程序后得到比较准确的结果。如果使用网络下载的图像进行测试，则可能得不到准确的结果，因为此处只进行人脸识别过程；如果需要得到较为准确的结果，那么需要对图片先进行人脸检测，截取到对应的人脸部分后再进行人脸图像识别。

3. 摄像头人脸识别

下面打开本机摄像头进行人脸识别。通过摄像头拍到人脸图像进行 dlib 人脸检测，使用训练好的模型进行人脸识别，并输出人脸检测与人脸识别结果。

程序代码如下：

```
import cv2
import dlib
from keras.models import load_model
import sys
size = 64
#使用 dlib 模块自带的 frontal_face_detector 作为特征提取器
detector = dlib.get_frontal_face_detector()
cam = cv2.VideoCapture(0)
model = load_model('./me.face.model.h5')
while True:
    _, img = cam.read()
    gray_image = cv2.cvtColor(img, cv2.COLOR_BGR2GRAY)
    dets = detector(gray_image, 1)
```

```
for i, d in enumerate(dets):
    x1 = d.top() if d.top() > 0 else 0
    y1 = d.bottom() if d.bottom() > 0 else 0
    x2 = d.left() if d.left() > 0 else 0
    y2 = d.right() if d.right() > 0 else 0
    face = img[x1: y1, x2: y2]
    #调整图片的尺寸
    face = cv2.resize(face, (size, size))
    shape_img =(face.reshape(1, size, size, 3)).astype('float32') / 255
    prediction = model.predict_classes(shape_img)
    print(prediction[0])
    name = "unknown"
    if prediction[0] == 0:
        print("识别出本人")
        name = "hujianhua"
    else:
        print("不是本人")
        name = "unknown"
    cv2.rectangle(img, (x2, x1), (y2, y1), (255, 0, 0), 3)
    font = cv2.FONT_HERSHEY_SIMPLEX
    cv2.putText(img, name, (x2, x1), font, 0.8, (255, 255, 255), 1)
cv2.imshow('image', img)
key = cv2.waitKey(30)&0xff
if key == 27:
    sys.exit(0)
```

输出结果如图 6-17 所示。

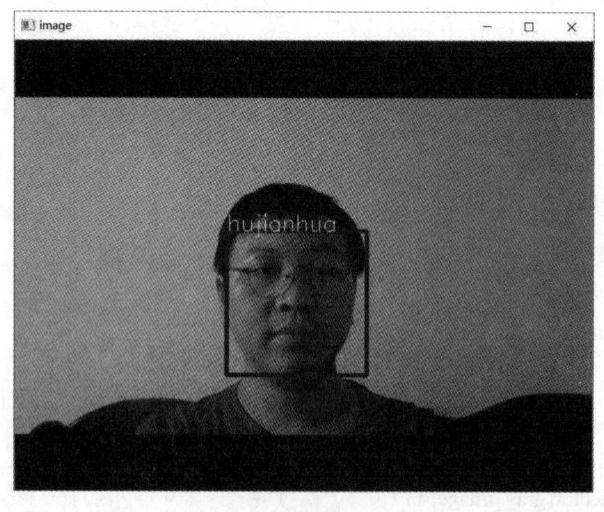

图 6-17　人脸识别结果

本程序实现了实时人脸特征提取，在摄像头中框出了人脸检测区域，并且输出了人脸识别结果。本程序中使用 dlib 库中的 dets = detector(gray_image, 1)进行人脸检测，得到人脸的位置坐标信息。使用 NumPy 函数的切片功能 face = img[x1: y1, x2: y2]截取对应的人脸区域。加载训练好的人脸模型后，调用 model.predict_classes 函数进行人脸识别。当预测结果是本人时，输出 name = "hujianhua"；当不是本人时，输出 name = "unknown"。cv2.putText 函数把对应的文字信息 name 绘制到图像上，cv2.rectangle 函数实现将人脸的坐标信息通过画框显示出来。

第 7 章 目标检测项目实战

前面章节已经介绍了典型的卷积神经网络设计，使用卷积神经网络能够进行图像分类，但是实际中如果既要将图中的物体识别出来，又要用方框框出它的位置，就需要用到目标检测算法。目标检测算法中，最简单的就是利用候选区域与卷积神经网络结合进行目标定位，其借鉴了滑动窗口思想，分别对区域进行识别，这就是最原始的 R-CNN(Region-CNN)框架的版本。随着目标检测算法的改进，目前出现了 YOLO(You Only Look Once: Unified, Real-Time Object Detection)、SSD(Single Shot Multibox Detector)等更为优秀的开源目标检测框架。本章使用开源项目进行定制化的目标检测模型训练与应用，开发满足实际生活需求的项目。

本章案例采用 YOLO v3 Keras 版本设计与训练口罩检测的算法模型，使用 GitHub 平台上公布的开源代码，网址为 https://github.com/qqwweee/keras-yolo3。GitHub 是一个优秀的开源代码网站，下载也比较简单。由于其服务器架设在国外，因此下载时速度可能较慢。如果需要快速下载代码，可以使用码云作为中间服务器，即首先将代码转载到码云，然后进行下载。代码下载完成后，同时需要下载初始权重模型 yolov3.weight，并且需要通过程序将其转换成 Keras 适用的.h5 文件，这样即可直接使用下载的权重模型进行预测。通过载入新的数据集，可以在原有模型的基础上进行迁移学习。

本章技能目标：

(1) 学习目标检测的基本原理，了解主流的目标检测开源框架，理解 YOLO 目标检测算法原理；

(2) 掌握目标检测数据集的制作、模型训练、参数调节方法；

(3) 能使用训练好的模型建立预测网络，并输出预测结果。

7.1 目标检测原理

第 5 章介绍了图片分类，使用相关算法可以对其中的对象进行分类。本章将学习构建神经网络时的另一个内容，即目标检测。这意味着不仅要用算法判断图片中是不是一只狗，而且要在图片中标记出它的位置，用边框或方框把狗标示出来，如图 7-1 所示。目标检测既要把图中的物体识别出来，又要用方框框出它的位置。在过去的十多年中，传统的机器视觉领域通常采用特征描述子应对目标识别任务，其中最常见的特征描述子就是SIFT(Scale-Invariant Feature Transform，尺度不变特征变换)和方向梯度直方图。

图 7-1　目标检测

近几年来，基于深度学习算法的一系列目标检测算法已取得很大突破。其中，比较流行的算法可以分为两类：一类是两步走(two-stage)算法，其基于候选区域的 R-CNN 系算法(R-CNN、Fast R-CNN、Faster R-CNN 等)，首先使用算法产生目标候选框，即目标位置；然后对候选框进行分类与回归。另一类是一步走(one-stage)算法，如 YOlO、SSD 等为一步走(一步实现位置检测与分类)算法，其仅仅使用一个卷积神经网络直接预测不同目标的类别与位置。

两步走算法的准确率较高，但是速度慢；一步走算法速度快，但是准确率较低。本节首先以 R-CNN 入门网络为基础，介绍了目标检测基本原理；为了提高物体检测速度，本项目中使用 YOLO v3 网络模型进行口罩检测实战，因此本节还对 YOLO v3 的工作原理进行了简单说明，详细介绍了使用 YOLO v3 训练自己的模型的方法，并使用模型对图像进行预测。YOLO v3 算法相比 SSD 和 RetinaNet，其检测速度快了近 3 倍，且在保证速度优势的情况下还保证了一定的精确度；但其相比 R-CNN 系列的物体检测算法识别物体位置精准性差，召回率低。

7.1.1　R-CNN 原理

R-CNN 利用候选区域与卷积神经网络结合进行目标定位，借鉴了滑动窗口思想。R-CNN 原理如图 7-2 所示，其采用对区域进行识别的方式，共分为如下 3 个步骤：

(1) 给定一张输入图片，从图片中提取 2000 个类别独立的候选区域；

(2) 对每个区域利用卷积神经网络抽取一个固定长度的特征向量；

(3) 对每个区域利用 SVM 进行目标分类。

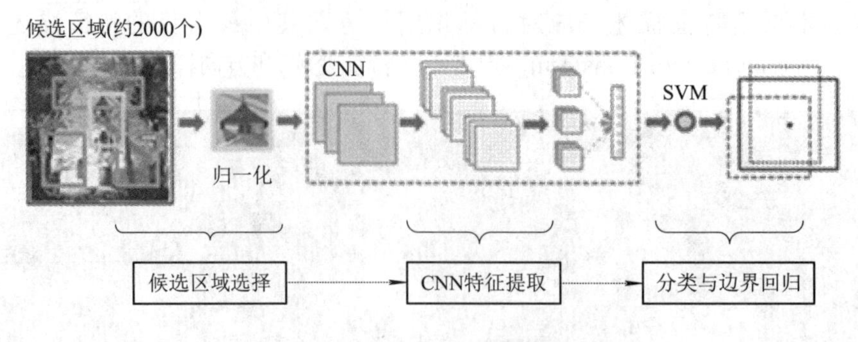

图 7-2　R-CNN 原理

候选区域：在进行目标检测时，为了定位到目标的具体位置，通常会把图像分成许多子块，然后把子块作为输入，送到目标识别的模型中。划分子块的最直接的方法为滑动窗口法，就是按照子块大小在整幅图像上穷举所有子图像块。此方法产生的数据量非常大，会产生很多冗余候选区域。因此，R-CNN 采用选择性搜索(selective search)方法，其能有效地去除冗余候选区域，使计算量大大减小。其基本思想是首先用基于图的图像分割方法得到小尺度区域，然后合并得到大的尺寸，避免遍历所有尺度。

特征抽取：R-CNN 采用 Alexnet 网络进行特征提取，生成特征向量大小 4096 维。由于 Alexnet 的输入图像大小是 227 像素 × 227 像素。而通过选择性搜索产生的候选区域大小不一样，因此为了与 Alexnet 输入图像大小兼容，将候选区域的图像进行了小部分的边缘扩展，并进行了拉伸操作，使得输入的候选区域图像满足 Alexnet 的输入要求。

得到候选区域后，可以利用 SVM 进行目标分类：为每个类都训练一个 SVM 分类器，在训练/检测过程中使用这些分类器为每一类进行分类。其中包含两个子步骤：一是对输出向量进行分类，二是通过边界回归(bounding-box regression) 得到精确的目标区域。由于实际目标会产生多个子区域，因此需要对完成分类的前景目标进行精确的定位与合并，避免出现一个目标检测到多个区域框。

R-CNN 的缺点是计算量太大，在一张图片中，通过选择性搜索得到的有效区域往往在 1000 个以上，这意味着要重复计算 1000 多次神经网络；另外，在训练阶段，需要把所有特征保存起来，然后通过 SVM 进行训练，这也是非常耗时的。为改进 R-CNN 计算量大的缺点，出现了改进的版本——Fast R-CNN 和 Faster R-CNN，这两种算法不仅速度变快了，而且识别准确率也得到了提高。

7.1.2　YOLO 原理

YOLO 是经典的目标检测算法，堪称工业级的目标检测，能够满足实时要求，可用来解决许多实际问题。与 R-CNN 不同的是，YOLO 只需要使用一个卷积神经网络即可直接预测不同目标的类别与位置，是一种端到端的目标检测方法。YOLO 包含如下 3 个预测步骤(图 7-3)：

(1) 对输入图像进行缩放；

(2) 将图片送入卷积神经网络进行预测；

(3) 对预测结果进行置信度的阈值处理，得到最终结果。

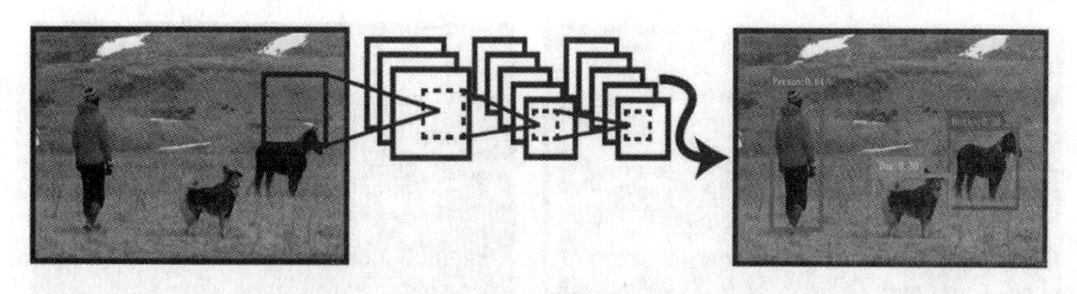

图 7-3　YOLO 预测步骤

YOLO 是单阶段检测算法，只需要将图像输入卷积神经网络，就可以预测图片中所有的物体边框。YOLO 把一张图片划分成了 $S \times S$ 个网格(cell)，这里的 S 不固定，可以根据实际情况自主决定。当 S 取值为 7 时，整张图片被分割成 $7 \times 7 = 49$ 个网格，如图 7-4 所示。这些网格就像渔网的网眼一样，通过这些网眼能够检测到每一个物体。每个单元格预测两个 bbox 框(bounding box)，因此一张图片会产生 98 个 bbox。

图 7-4　图片被分割 7×7 个网格

图 7-4 中有狗、自行车、汽车 3 个目标，但是预测到的 bbox 有 98 个之多，最终肯定只能从 98 个 bbox 中选择 3 个。

图像被分为 49 个网格，但是并不是每一个网格的预测都有意义，因此需要找出有意义的网格。每个 bbox 都对应一个置信度，置信度反映了该模型对框内是否包含目标的信心，以及其对自己预测的准确率的估量。置信度由两部分组成，一是网格内是否有目标，二是 bbox 的准确率。如果网格中没有目标，则置信值为零；如果网格中有目标，那么置信度等于预测框与真实值之间联合部分的交集(Intersection over Union，IoU)。

如图 7-5 所示，假设要检测的目标只有狗、汽车、自行车 3 种，那么其他物体都将被当成背景。图 7-5 中，00、01、02 这 3 个网格不包含任何目标，所以置信度为 0；10 和 20 两个网格因为包含了自行车的一部分，所以它们的置信度为 1。

图 7-5　目标物体与网格置信度

一个物体对象可能覆盖很多个网格，可以从中选择一个网格作为代表，该网格就负责(responsible)此物体对象的预测。狗的标注值一共覆盖了 15 个网格，需要选择一个网格来代表狗。一般情况下，物体的中心落在哪个网格，就使用此网格代表该物体，如图 7-6 所示，标示出来的网格就代表狗。

图 7-6　负责预测的网格

每个网格还会预测每个类别的概率，表示该网格存在物体且属于第几类的概率。YOLO 整体预测架构如图 7-7 所示。

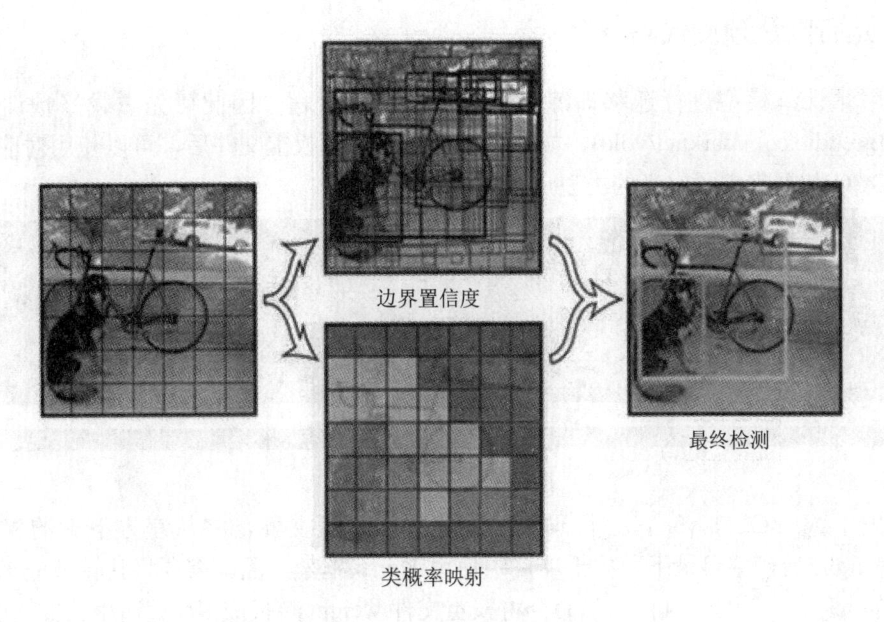

图 7-7　YOLO 整体预测架构

每个网格预测 2 个 bbox 位置以及 20 个类别的概率，每个 bbox 要预测(x, y, w, h)和置信度共 5 个值，因此网络模型输出变量维度为 $7 \times 7 \times (5 \times 2 + 20) = 7 \times 7 \times 30$。

注意：类别信息是针对每个网格的，置信度是针对每个 bbox 的。

每张图被分为 7 × 7 网格，因此 YOLO 模型的最后一层是一个 7 × 7 × 30 的向量，如图 7-8 所示。

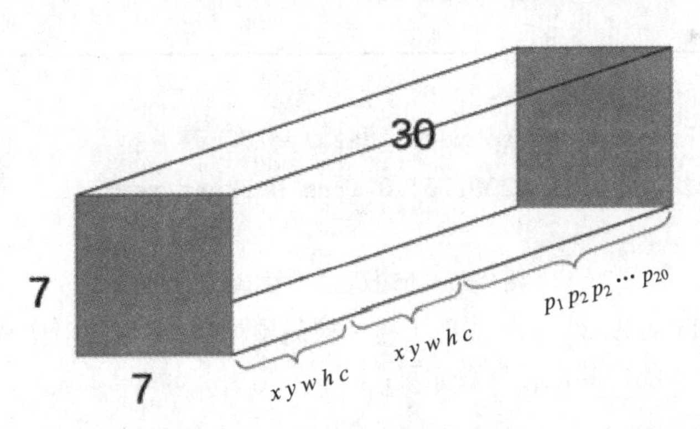

图 7-8　YOLO 模型输出向量

7.2　Keras 口罩检测项目实战

7.1 节介绍了 YOLO 的基本原理，本节将使用 YOLO v3 框架训练一个口罩检测模型，并使用该模型对图片进行预测。YOLO v3 是由 JOSeph Redmon 和 Ali Farhadi 提出的单阶段检测器，该检测器与达到同样精度的传统目标检测方法相比，推断速度能达到约两倍。本项目使用基于 Keras 的 YOLO v3 版本，代码网址为 https://github.com/qqwweee/keras-yolo3。

7.2.1　运行默认预测代码

使用预训练模型进行迁移训练，能够加速训练过程，因此可先下载好预训练模型(https://pjreddie.com/darknet/yolo)，如图 7-9 所示。下载权重文件后，可以使用对应权重文件对 COCO 数据集中预定义的类型进行预测。

You already have the config file for YOLO in the cfg/ subdirectory. You will have to download the pre-trained weight file here (237 MB). Or just run this:

```
wget https://pjreddie.com/media/files/yolov3.weights
```

图 7-9　权重文件下载

首先下载 YOLO v3 官方代码，下载完成后解压文件，将从官方下载的权重文件 yolov3.weight 放到主目录下。由于项目中使用 Keras 框架，因此需要将其转换成 Keras 能够读取的.h5 文件。通过执行如下命令将权重文件 weight 转换成 Keras 适用的.h5 文件：

```
python convert.py yolov3.cfg yolov3.weights model_data/yolo.h5
```

输出结果如图 7-10 所示。

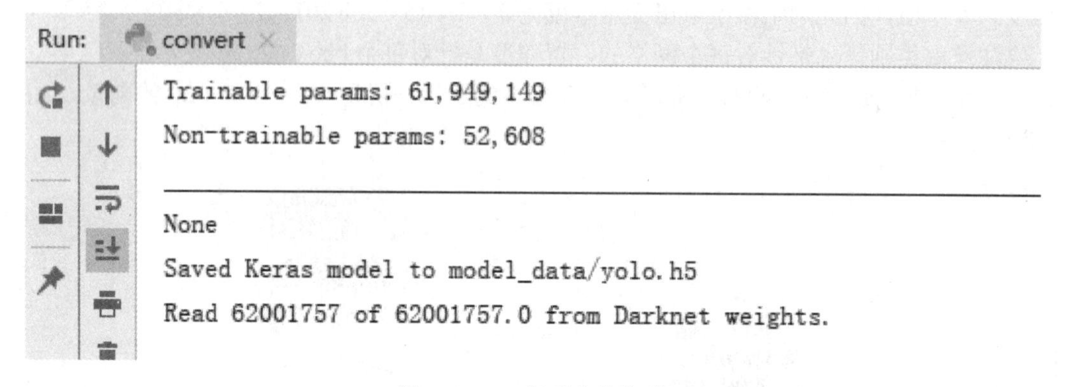

图 7-10　.h5 权重文件生成

在主目录中，yolo_video.py 文件实现了目标检测预测功能，既能对图片进行物体检测，也能对视频进行物体检测，其运行参数如下：

图片检测：

```
python yolo_video.py [OPTIONS...] --image
```

视频检测：

```
python yolo_video.py [video_path] [output_path (optional)]
```

图片检测时必须加参数--image，视频检测可以设置输入视频路径 video_path 以及输出视频路径 output_path。

下面以图片为例进行物体检测，运行如下代码：

```
python yolo_video.py --image
```

在当前目录下放置一张图片，名为 street.jpg，如图 7-11 所示。

图7-11 待检测图像

代码运行过程中需要手动输入图片全路径，根据命令提示输入./street.jpg。如果图片放在其他目录，可以使用相对路径指定图片路径，命令如下：

```
Input image filename:./ street.jpg
```

输入图片名字后按Enter键，得到的检测结果如图7-12所示。

图7-12 物体检测结果

运行程序，在控制台上输出如下信息：

```
Found 16 boxes for img
backpack 0.35 (60, 629) (120, 714)
car 0.82 (0, 603) (46, 687)
car 0.92 (582, 542) (781, 726)
car 0.98 (657, 584) (961, 770)
bicycle 1.00 (781, 719) (1244, 1037)
person 0.34 (244, 573) (276, 690)
person 0.35 (428, 585) (462, 708)
person 0.45 (400, 574) (438, 693)
person 0.76 (219, 578) (264, 691)
person 0.89 (354, 569) (386, 689)
person 0.94 (332, 568) (367, 694)
person 0.97 (382, 573) (421, 695)
person 0.98 (437, 529) (555, 871)
person 0.99 (502, 522) (663, 864)
person 1.00 (911, 500) (1152, 992)
person 1.00 (78, 537) (270, 954)
```

通过对输出信息进行分析得到，在./street.jpg 文件中检测到了 16 个物体，物体的类型有 backpack、car、bicycle、person 等，每个物体对象都标有概率与位置坐标信息。

7.2.2　训练口罩检测模型

由于官方的模型是使用 COCO 数据集进行训练，因此只能对 COCO 数据集中预定义的类型进行预测。如果需要预测新的物体类型，那么需要重新进行模型训练，因此本项目将尝试使用自己标注的人脸戴口罩数据训练一个新的模型，该模型能够对口罩这种新的类型进行预测。

1. 数据集准备

通过网上下载、自己拍摄照片与视频录制等方法，经过处理清洗，分别得到戴口罩和不戴口罩的照片。相应的数据准备妥当之后，需要对相应的图片进行标注，得到每一张图片标签。本项目使用 Labelimg 标注工具对图片进行标注，标注内容为戴口罩情况下的口罩位置以及没有戴口罩时的人脸位置。

Labelimg 是一个可视化的图像标注工具，Faster R-CNN、YOLO、SSD 等目标检测网络所需数据集均需要借此工具标定图像中的目标。其生成的文件格式是.xml，遵循 Pascal Voc 数据集的格式。Labelimg 的安装包下载地址为 https://github.com/tzutalin/labelImg，其大小只有几兆字节，安装完成后打开界面，如图 7-13 所示。双击打开 Labelimg 工具后，通过以下步骤即可实现一张图片的标注：

(1) 打开图片文件：单击 Open 按钮，弹出文件选择对话框，选择对应的图片后，图片即在右边界面上显示。

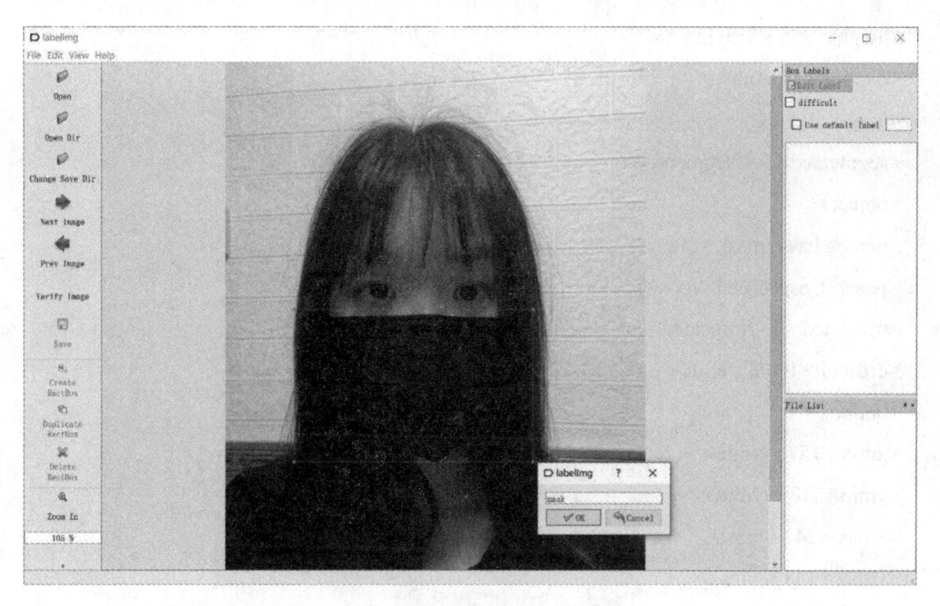

图 7-13　Labelimg 标注工具界面

(2) 创建矩形框：单击 Create RectBox 按钮，根据需要的标注类型(口罩)选择需要绘制矩形框的位置。将鼠标指针放在矩形框左上角位置，按住鼠标左键拖动到矩形框右下角位置后松开，完成矩形框的创建。同时，在弹出的 labelimg 对话框中输入类别名称，此处为 mask。

(3) 保存标签文件：单击 Change Save Dir 按钮，弹出文件路径选择对话框，选择要保存的文件路径，单击 Save 按钮，完成对标签的保存。

如果需要标注多张图片，可以先单击 Open Dir 按钮，打开一个文件夹；然后单击 Change Save Dir 按钮，选择需要存储的文件夹。其余操作和标注单张图片操作相同，保存后单击 Next Image 按钮，即可跳转至下一张。

最后，在保存文件的路径下生成 .xml 文件，.xml 文件名称与标注图片名称相同，只是扩展名不同。如果要修改已经标注过的图像，.xml 中的信息也会随之改变。

在进行大量标注时，可以通过使用如下快捷键加快标注速度：

(1) Ctrl + S：保存；

(2) Ctrl + D：复制当前标签和矩形框；

(3) w：创建一个矩形框；

(4) d：下一张图片；

(5) a：上一张图片；

(6) Delete：删除选定的矩形框。

在标注过程中为数据集设置两种标签(类别)：戴口罩(have_mask)和不戴口罩(no_mask)。标注完成后生成包含标注信息(标注框的宽、高、坐标以及标签等)的.xml 文件，如下：

```
<annotation>
<size>
<width> 400 </width>
```

```
<height> 355 </height>
<depth> 3 </depth>
</size>
<segmented> 0 </segmented>
<object>
<name> have_mask </name>
<pose> Unspecified </pose>
<truncated> 0 </truncated>
<difficult> 0 </difficult>
<bndbox>
<xmin> 157 </xmin>
<ymin> 113 </ymin>
<xmax> 247 </xmax>
<ymax> 168 </ymax>
</bndbox>
</object>
</annotation>
```

其中，width 表示图像的宽度，height 表示图像的高度，name 表示标签的类型，have_mask 表示戴口罩类型目标，bndbox 表示对应的标注框位置信息。通过 Labelimg 标注工具对所有图片进行标注，得到批量的标签文件 .xml，每张图片对应一个 .xml 文件。理论上来说，图片越多，训练后的模型准确率越高。本项目中，使用约 1000 张图片进行标注后，可以训练得到准确率较高的预测模型。

2. 数据集索引文件生成

制作的数据标签.xml 文件以及相应的图片构成了整个数据集。在进行数据集的读取之前，需要通过程序生成数据索引，以利于 YOLO v3 开源项目程序调用。YOLO v3 开源项目直接支持 VOC2007 数据集训练。为了简化程序设计过程，减少代码修改，在当前项目主目录新建文件夹 VOCdevkit/VOC2007，用来存放对应的数据集，目录如下(图 7-14)：

```
VOCdevkit
    -VOC2007
        ├──ImageSets     #存放数据集列表文件，由 voc2yolo3.py 文件生成
        ├──Annotations   #存放数据标签，.xml 格式(图 7-15)
        ├──JPEGImages    #存放数据集中的图片文件(图 7-16)
        └──voc2yolo3.py  #生成数据集列表文件
```

名称	修改日期	类型
Annotations	2021/10/17 10:18	文件夹
ImageSets	2021/7/31 17:29	文件夹
JPEGImages	2021/10/17 10:18	文件夹
voc2yolo3.py	2020/4/19 17:42	PY 文件

图 7-14　数据集放置目录

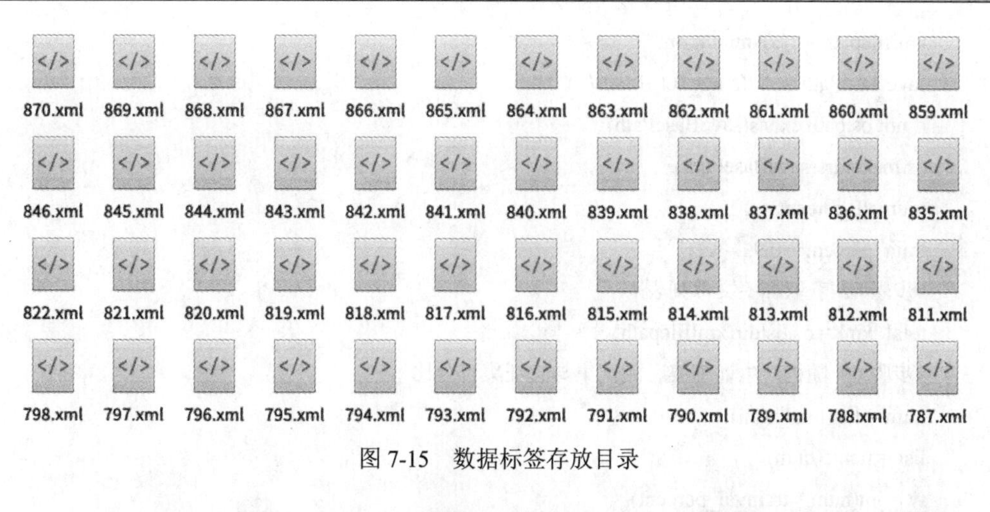

图 7-15　数据标签存放目录

图 7-16　图片文件存放目录

VOCdevkit/VOC2007 目录下的新建文件 voc2yolo3.py 的作用是根据所有数据，随机生成训练集、测试集与验证集，分别存储在 train.txt、test.txt 和 val.txt 3 个文件中。其中，train.txt 是用于训练的图片数据名称，test.txt 是用于测试的图片数据名称，val.txt 是用于验证的图片数据名称。

程序代码如下：

```
#!/usr/bin/env python
# -*- coding: utf-8 -*-
#步骤 01  导入模块
import os
import random
```

```
xmlfilepath = r"./Annotations"
saveBasePath = r"./ImageSets/Main/"
if not os.path.exists(saveBasePath):
os.makedirs(saveBasePath)
trainval_percent = 1
train_percent = 0.9
#步骤 02 获取标签文件列表
total_xml = os.listdir(xmlfilepath)
#步骤 03 随机产生训练集、测试集与验证集百分比
num = len(total_xml)
list = range(num)
tv = int(num * trainval_percent)
tr = int(tv * train_percent)
trainval = random.sample(list, tv)
train = random.sample(trainval, tr)
print("train and valsize", tv)
print("traubsuze", tr)
#步骤 04 打开文件
ftrainval = open(os.path.join(saveBasePath, 'trainval.txt'), 'w')
ftest = open(os.path.join(saveBasePath, 'test.txt'), 'w')
ftrain = open(os.path.join(saveBasePath, 'train.txt'),'w')
fval = open(os.path.join(saveBasePath, 'val.txt'), 'w')
#步骤 05 根据随机产生的值，将对应的标签名字写入相应的文件中
for i in list:
    print(total_xml[i])
    name = total_xml[i][:-4] + '\n'
    if i in trainval:
        ftrainval.write(name)
        if i in train:
            ftrain.write(name)
        else:
            fval.write(name)
    else:
        ftest.write(name)
#步骤 06 关闭文件
ftrainval.close()
ftrain.close()
fval.close()
ftest.close()
```

在 ImageSets/Main 目录下生成对应的 .txt 文件(存放数据集列表文件)。其原理是读取所有的数据集标签，随机产生训练集、测试集以及验证集，并且写入对应的标签名。图 7-17 所示为随机生成的测试集文件列表，每一行代码对应一个标签，只保留了标签前缀的所有字符，删除了扩展名 .xml，如 10 表示 10.xml。

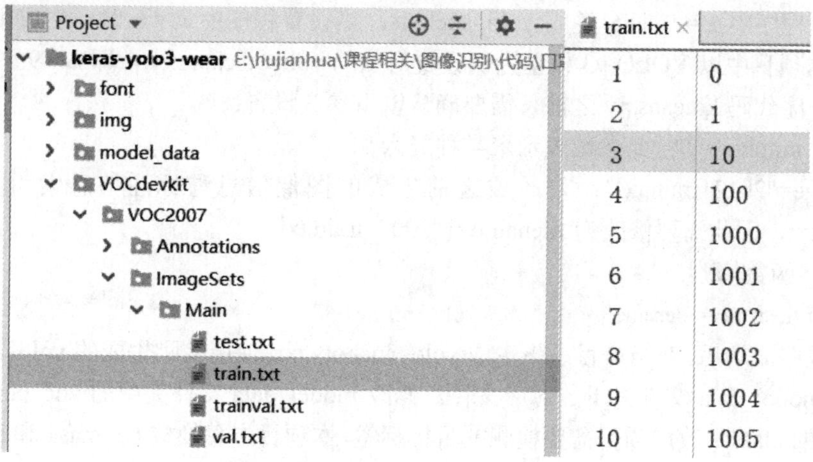

```
Project                                                    train.txt
keras-yolo3-wear  E:\hujianhua\课程相关\图像识别\代码\口    1   0
  font                                                     2   1
  img                                                      3   10
  model_data                                               4   100
  VOCdevkit                                                5   1000
    VOC2007                                                6   1001
      Annotations                                          7   1002
      ImageSets                                            8   1003
        Main                                               9   1004
          test.txt                                         10  1005
          train.txt
          trainval.txt
          val.txt
```

图 7-17　随机生成的测试集文件列表

得到训练集、测试集以及验证集列表后，运行根目录下的 voc_annotation.py(包含在官方代码中)。voc_annotation.py 中程序的基本原理是通过解析 .xml 文件，读取 .xml 文件提供的对应的 4 个坐标信息，将对应的图片路径以及相应的 4 个坐标信息全部输出在一个文件中。运行前需要将 voc_annotation.py 文件中的 classes 改成预定义的 classes，本项目中改为“classes = ["face", "face_mask"]”，注意此处的类型必须与 VOCdevkit\VOC2007\Annotations 标注的 .xml 文件中的类型一致。

运行程序后，在当前目录下生成名为 2007_train.txt 的文件，其包括图像信息与标注信息索引。文件中的每一行对应其图片位置及真实框的位置，如图 7-18 所示，方框中的 1 表示戴口罩标签，0 表示人脸标签。注意，在标签信息前面必须有对应口罩或者人脸的坐标位置信息。

```
/VOCdevkit/VOC2007/JPEGImages/0.jpg 215,201,320,385,1 524,374,558,457,0
/VOCdevkit/VOC2007/JPEGImages/1.jpg 506,114,584,226,0
/VOCdevkit/VOC2007/JPEGImages/10.jpg 183,17,218,62,1
/VOCdevkit/VOC2007/JPEGImages/1000.jpg 320,132,612,564,0
/VOCdevkit/VOC2007/JPEGImages/1001.jpg 175,29,393,300,1
/VOCdevkit/VOC2007/JPEGImages/1003.jpg 130,40,284,299,0 4,217,105,393,0
/VOCdevkit/VOC2007/JPEGImages/1004.jpg 531,111,889,542,0
/VOCdevkit/VOC2007/JPEGImages/1005.jpg 229,60,241,87,0 257,48,280,81,0 414,54,434,74,0 545,140,560,
/VOCdevkit/VOC2007/JPEGImages/1006.jpg 736,79,798,196,0 536,146,600,239,0 203,127,257,228,0
/VOCdevkit/VOC2007/JPEGImages/1008.jpg 670,52,744,136,0
/VOCdevkit/VOC2007/JPEGImages/1009.jpg 338,86,528,376,0
/VOCdevkit/VOC2007/JPEGImages/101.jpg 316,132,406,288,0
```

图 7-18　图像信息与标注信息文件索引

3. 配置训练参数

为了提高目标检测的性能，在 YOLO v3 训练自己的数据集之前，先使用 k-means 聚类算法对数据集进行分类，提前计算其基本的先验框。根据自身需要修改 model_data 文件夹中的文件，以设置先验框。官方代码中有 YOLO v3 模型和 tiny-yolov3 模型两个版本，其中 tiny-yolov3 模型相对较小，检测速度快，但检测精度较低。两个版本分别对应的先验框设置文件是 yolo_anchors.txt 和 tiny_yolo_anchors.txt。先验框的值可以通过运行主目录下的聚类算法程序 kmeans.py 生成。

当设置程序中 $k=9$ 时，生成 yolo_anchors；当设置程序中 $k=6$ 时，生成 tiny_yolo_anchors。本项目中以 YOLO v3 模型为例设置对应的 yolo_anchors.txt，即 $k=9$。

运行程序代码 kmeans.py 之前，需要确认以下参数设置：

cluster_number = 9：此参数表示聚类种类为 9。

filename="2012_train.txt"：修改成之前生成的图像信息与标注信息索引文件，即 2007_train.txt，因此需要修改为 filename = "2007_train.txt"。

__init__函数修改：

```
self.filename = filename
```

运行程序成功后，在当前目录下生成 yolo_anchors.txt，使用刚刚生成的 yolo_anchors.txt 文件替换 model_data 文件夹下的对应文件。修改 model_data 文件夹中的 voc_classes.txt 文件，将其中的 classes 改成项目需要检测的目标标签，本项目中替换成 no_mask 和 have_mask 两个类。

在 train.py 中，通过修改 anchor_path，从而选择使用 YOLO v3 训练还是 yolov3-tiny 训练。本项目中使用 YOLO v3 模型进行训练，因此使用文件 yolo_anchors.txt。修改_main 函数中的内容如下。

修改前：

```
annotation_path = 'train.txt'
log_dir = 'logs/000/'
classes_path = 'model_data/voc_classes.txt'
anchors_path = 'model_data/yolo_anchors.txt'
```

修改后：

```
annotation_path = '2007_train.txt'
log_dir = 'logs'
classes_path = 'model_data/voc_classes.txt'
anchors_path = 'model_data/yolo_anchors.txt'
```

在新的目标进行检测，一般使用迁移训练，因此需要修改读取预训练的模型路径。

修改前：

```
model = create_model(input_shape, anchors, num_classes,
                     freeze_body=2, weights_path='model_data/yolo_weights.h5')
```

修改后(文件 yolo.h5 为之前转换后生成的权重文件)：

```
model = create_model(input_shape, anchors, num_classes,
                     freeze_body=2, weights_path='model_data/yolo.h5')
```

4. 训练过程

下面开始运行主程序 train.py，在运行过程中有可能遇到版本问题，建议使用 Keras

2.1.5。当程序 train.py 正确运行后，就开始模型的训练，训练好的模型会存放在 logs 下。模型训练过程如图 7-19 所示，在训练过程中注意观察 loss 的变化，经过一段时间，loss 损失值应该是越来越小。

```
Run:  yolo_video ×   train ×
53/2578 [..............................] - ETA: 1:55:24 - loss: 0.1494
54/2578 [..............................] - ETA: 1:55:19 - loss: 0.1493
55/2578 [..............................] - ETA: 1:55:24 - loss: 0.1493
56/2578 [..............................] - ETA: 1:55:20 - loss: 0.1493
57/2578 [..............................] - ETA: 1:55:15 - loss: 0.1492
58/2578 [..............................] - ETA: 1:55:15 - loss: 0.1492
59/2578 [..............................] - ETA: 1:55:12 - loss: 0.1492
60/2578 [..............................] - ETA: 1:55:08 - loss: 0.1491
61/2578 [..............................] - ETA: 1:55:05 - loss: 0.1491
62/2578 [..............................] - ETA: 1:55:02 - loss: 0.1491
63/2578 [..............................] - ETA: 1:54:58 - loss: 0.1490
```

图 7-19　模型训练过程

训练的日志和最终的模型都会保存在 logs 目录下，在使用 GPU(2080 显卡)环境中，估计经过 5 h 就能得到准确率较高的模型，最终训练的模型名字为 trained_weights_final.h5。其他 .h5 文件是中间训练的模型，使用 ep 前缀命名，表示训练数据集的迭代周期。图 7-20 中展示了部分训练模型.h5 文件。

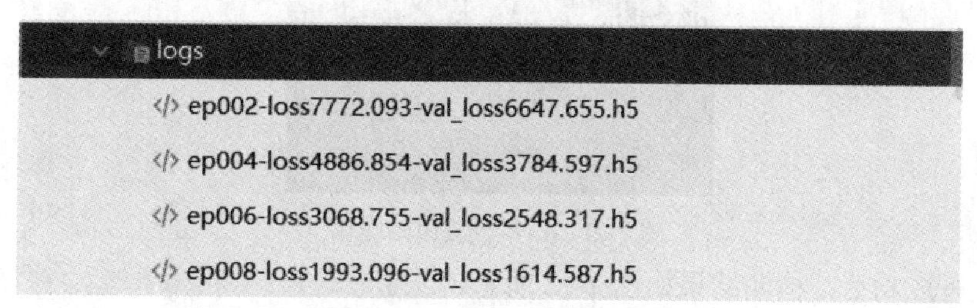

图 7-20　部分训练模型.h5 文件

7.2.3　使用模型进行预测

当模型训练完成后，下次无需重新训练，可直接使用预测程序读取训练好的模型，对新输入的图像进行测试，得到预测结果。本项目中的预测程序仍使用官网中的 yolo_video.py 程序。首先进行图片的口罩检测功能测试。

由于程序默认使用的是下载的预训练模型 model_dat/yolo.h5，无法满足对口罩进行目标检测要求，因此需要在程序代码中将预测模型修改成刚刚训练好的模型。根据之前的介绍，主程序 yolo_video.py 可以实现对单张图片或者视频的目标检测功能，其目标检测核心代码是 yolo.py 程序文件，因此通过修改 yolo.py 文件实现模型文件的切换。

修改前：

```
"model_path": 'model_data/yolo.h5',
"classes_path": 'model_data/coco_classes.txt',
```

修改后：

```
"model_path": 'logs/trained_weights_final.h5',
"classes_path": 'model_data/voc_classes.txt',
```

通过上面的代码修改，即可完成对新训练好的口罩检测模型的设置，并且同时设置了对应的目标检测类型 no_mask 和 have_mask。

接下来在图片文件夹 img 目录下准备两张图片(一张戴口罩图片和一张不戴口罩图片)，用来测试对应的预测效果。

口罩检测原始图像如图 7-21 所示。输入如下命令运行程序：

```
python yolo_video.py --image
```

输入图片名称 1.png：

```
Input image filename:./img/1.png
```

图 7-21　口罩检测原始图像

程序运行成功后，检测结果如图 7-22 所示。

图 7-22　口罩检测结果

程序输出结果如下，表示检测到 1 个目标物体，have_mask 表示戴口罩目标，同时输出口罩检测目标对应的位置信息，包括左上角与右下角位置：

```
Found 1 boxes for img
have_mask 0.34 (58, 209) (74, 233)
2.2125331
```

当输入不戴口罩的图片时，检测结果如图 7-23 所示。

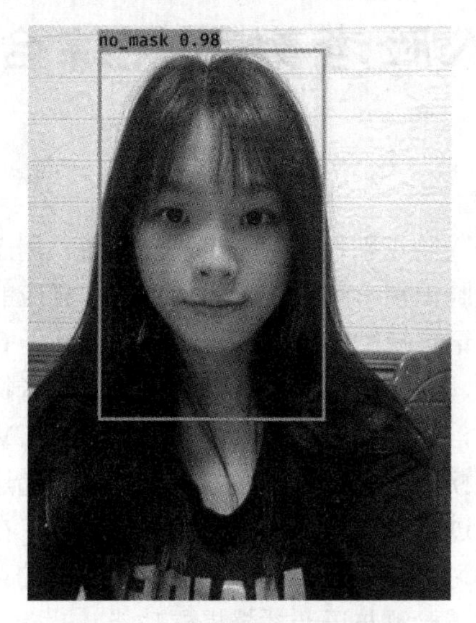

图 7-23　不戴口罩检测结果

除了对输入的单张图像进行物体检测外，还可以对计算机摄像头实时视频或者本地视频进行物体检测，但需要做如下修改：

(1) 如果是读取对应的计算机摄像头数据，则将 yolo.py 文件第 174 行改为 vid = cv2.VideoCapture(0)；

(2) 如果是读取本地视频，则将 yolo.py 文件第 174 行改为 vid = cv2.VideoCapture("视频路径+视频名+视频扩展名")，整个视频路径不能出现中文，否则会运行失败。

运行如下程序，即能通过 OpneCV 函数 cv2.VideoCapture 读取对应的计算机摄像头数据或者本地视频，进行视频的目标检测：

```
python yolo_video.py --input
```

如果想对视频目标检测的结果进行保存，则需要做如下修改：将 yolo.py 文件第 184 行改为 out = cv2.VideoWriter("视频路径 + 视频名 + 视频扩展名", video_FourCC, video_fps, video_size)，整个路径也不能出现中文，否则会运行失败。同时，在程序运行时加入 output 选项，命令如下，这样能够保存目标检测效果视频：

```
python yolo_video.py –output
```

第 8 章　人脸考勤系统综合项目实战

人脸考勤系统就是依托人脸识别技术的考勤管理系统，用于采集员工姓名、员工面部图片等信息。员工在使用人脸识别考勤系统采集信息后，相应的记录会存储在考勤管理系统中，再由系统进行识别，记录缺勤、签到情况等。本章基于 OpenCV 实现一个人脸考勤系统，包括人脸录入与注册、人脸识别考勤、口罩检测、语音播报等主要功能。

在考勤系统设计过程中，考虑到项目的难度，采用 OpenCV 设计界面，同时把一个完整的项目分解为多个小功能模块。本章内容由易到难，逐渐递进。首先设计一个相对简单的人脸摄像头显示界面，通过 OpenCV 实现摄像头视频读取，在此基础上实现人脸检测与人脸识别功能；然后通过学习 OpenCV 的键盘响应实现人名的存储，并且实现图像的拼接功能；最后在项目中加入口罩检测与语音播报提醒功能。

本章技能目标：

(1) 学会使用 OpenCV 模块采集摄像头图片与视频，并且通过图形界面显示摄像头数据；

(2) 掌握人脸检测方法，学会使用 OpenCV 在图形界面绘制矩形，并且绘制出人脸位置；

(3) 能根据项目需求在系统中进行图像拼接并显示到图像界面；

(4) 能够运用之前章节学过的人脸识别模型以及口罩检测模型进行人脸识别和口罩检测；

(5) 能实现文字转语音以及语音播报等功能。

8.1　摄像头视频读取与显示

人脸考勤系统首先要获取到计算机摄像头采集的图像数据，本项目利用 OpenCV 程序读取摄像头视频，并且进行图像界面显示。视频或摄像头进行实时画面读取，本质上是读取图像，因为视频是由一帧一帧的图像组成的。由于人眼视觉暂留效果，如果在 1 s 显示 30 帧左右图像，就可以将其看成连续的画面，这样视频看起来比较流畅。

读取摄像头数据实时显示画面步骤如下：

(1) 使用 video_capture = cv2.VideoCapture(0)函数获取摄像头的实时画面数据，0 默认

是笔记本电脑摄像头；如果是外接摄像头，则使用 1；如果是读取视频文件，则将 0 改为视频的全路径。

(2) 通过“ret，frame = video_capture.read()”读取一帧图像数据，frame 是 Mat 数据容器；ret 表示是否读取到图片的返回值，如果没有读取到图像，则返回值为 False。

(3) 使用 cv2.imshow 显示摄像头的画面，设置窗口名称为 Video。

(4) 在实时显示画面数据中需要使用 waitKey(30)函数，否则摄像头的画面不会停留，将直接不显示。30 的单位是 ms，表示 30 ms 后显示下一帧，相当于 1 s 约显示 33.3 帧。

(5) 输入 q，可退出播放。cv2.waitKey(1)获得键盘响应，表示返回与按下键值对应的 32 位整数。函数 ord('q')返回 q 对应的 ASCII 码值，即 113。0xFF 是一个位掩码，其将左边的 24 位设置为 0。因此，当输入 q 时，满足 if 条件，执行 break，退出 while 循环，视频停止播放。

(6) 播放结束时，释放摄像头数据和窗口资源。

程序代码如下：

```
#代码路径:/第 8 章/display_video.py
#!/usr/bin/env python
#-*- coding: utf-8 -*-
#步骤 01  导入所需模板
import cv2
video_capture = cv2.VideoCapture(0)
while True:
    #步骤 02  读取摄像头画面
ret, frame = video_capture.read()#第一个参数返回一个布尔值(True/False)，代表有没有读取到图片
                                  #第二个参数表示截取到一帧的图片
    if ret == False:
        print("播放完成")
        break
    print(frame.shape)
    #步骤 03  显示一帧图像
    cv2.imshow('Video', frame)
    #步骤 04  等待 30ms 显示下一帧
    cv2.waitKey(30)
    #步骤 05  输入 q 后退出
    if cv2.waitKey(1) & 0xFF == ord('q'):
        break
video_capture.release()
cv2.destroyAllWindows()
```

上述程序通过 cv2.VideoCapture 决定是读取文件还是实时读取摄像头数据。这里以读取一个视频作为演示，显示效果如图 8-1 所示。

图 8-1　视频读取与显示效果

8.2 人脸检测

本项目使用 face_recognition 进行人脸检测与识别，face_recognition 是一个强大、简单、易上手的人脸识别开源项目，官方代码网址为 https://github.com/ageitgey/face_recognition。该项目可以使用 Python 命令行工具提取、识别、操作人脸图像，并且配备了完整的开发文档和应用案例，特别是兼容树莓派系统。其人脸识别算法基于业内领先的 C++开源库 dlib 中的深度学习模型，用 LFW 人脸数据集进行测试，有高达 99.38%的准确率。

如果第一次使用 face_recongnition，则安装 face_recongnition 的必要条件是：配置好 dlib 和 OpenCV，在没有安装好 dlib 之前，不要安装 face_recongnition。另外，安装 dlib 时要指定对应的版本，因为目前的官网最新版本存在安装问题，很难安装成功，建议安装 dlib 19.7.0。

成功安装 face_recongnition 之后，使用 face_recognition.face_locations 函数可以得到人脸的位置坐标信息，OpenCV 函数 cv2.rectangle 可以把对应的人脸位置的矩形框绘制出来。为了提高人脸检测速度，程序中使用图像缩放函数 cv2.resize 对原始图像进行缩放。值得注意的是，OpenCV 读取的图像格式是 BGR，而人脸检测过程默认的处理格式是 RGB，因此需要先进行 BGR 到 RGB 的转化，然后进一步进行识别。

程序代码如下：

```
#代码路径:/第 8 章/face_detect.py
#!/usr/bin/env python
#-*- coding: utf-8 -*-
#步骤 01  导入所需模块
```

```
import cv2
import face_recognition
video_capture = cv2.VideoCapture(0)
def detect_face(rgb_small_frame):
    face_locations = face_recognition.face_locations(rgb_small_frame)
    return face_locations
def write_rectangle_face(frame, face_locations):
    for(top, right, bottom, left) in face_locations:
        top *= 3
        right *= 3
        bottom *= 3
        left *= 3
        cv2.rectangle(frame, (left, top), (right, bottom), (0, 0, 255), 3)
    return frame
while True:
    #步骤 02 读取摄像头画面
    ret, frame = video_capture.read()
    if ret == False:
        print("播放完成")
        break
    #步骤 03 改变摄像头图像的大小，图像小，所做的计算就少
    print(frame.shape)
    #有利于检测的处理速度
    small_frame = cv2.resize(frame, (0, 0), fx=0.33, fy=0.33)
    #步骤 04 OpenCV 的图像是 BGR 格式的，需要转成 RGB 格式
    rgb_small_frame = small_frame[:, :, ::-1]
    #步骤 05 使用 face_recognition 模板进行人脸检测，得到人脸的位置坐标
    face_locations = detect_face(rgb_small_frame)
    #在原始图上绘制矩形框，注意缩放
    #步骤 06 根据人脸位置坐标在画面上绘制矩形框
    frame = write_rectangle_face(frame, face_locations)
    print(small_frame.shape)
    #步骤 07 显示
    cv2.imshow('Video', frame)
    cv2.waitKey(30)
    #步骤 08 输入 q 后退出
    k = 0xFF & cv2.waitKey(30)
    if k == ord('q'):
        print("q exit")
```

```
        break
    video_capture.release()
    cv2.destroyAllWindows()
```

上述程序通过 cv2.VideoCapture 决定是读取文件还是实时读取摄像头数据。这里以读取一个视频作为演示，人脸检测效果如图 8-2 所示，可以看到通过人脸检测算法检测到了人脸区域信息。

图 8-2　人脸检测效果

8.3 人脸识别

8.2 节已经完成了人脸检测，在得到人脸区域，完成人脸校准后，下一步即进行人脸识别。在人脸识别过程中，将经历人脸特征编码和人脸特征匹配两个步骤。

单张人脸图像进行校准后，人脸特征编码将其编码成一个向量，向量即代表人脸特征数据。在理想状况下，“向量”之间的距离直接反映人脸的相似度，具体描述如下：

(1) 对于同一个人的人脸图像，对应的向量的欧氏距离比较小；

(2) 对于不同人的人脸图像，对应的向量的欧氏距离比较大。

在人脸考勤图像数据库中存储了不同待考勤人员的人脸图像信息，因此需要将每一个人员的图像编码成对应的唯一特征向量，在程序中通过 get_people_info 函数得到所有人员的人脸特征向量数据，同时获取每个人脸的特征向量对应的人员姓名，用来显示与输出。

人脸识别的逻辑原理如下：通过摄像头拍摄到当前考勤人脸图片信息，使用 face_recognition.face_locations 函数得到当前摄像头画面对应的人脸位置信息。利用 face_recognition.face_encodings 函数对获取的人脸区域进行特征向量编码。通过 face_match 函数和保存的人脸特征数据进行对比，选择距离最小的人脸特征作为最佳的人脸匹配。如果最小距离大于设定阈值，则说明该人脸不属于图像数据库中的任何一个人，返回不匹配信息；如果在数据库中存在人脸信息与当前摄像头人脸信息特征匹配人员，那么将通过 write_rectangle_dlib 函数将人脸位置用矩形框绘制出来，同时把数据库中的图片名字作为人名输出在图像上。当在数据库中找不到人脸匹配信息时，将使用默认的名称 unknown。程序中图像数据库匹配人员存储在当前目录文件夹 photo 下，图片使用英文进行命名，如 hujianhua.jpg。

人脸识别的基本步骤如下：

(1) 使用 cv2.VideoCapture 函数获得视频读取对象，通过 video_capture.read 函数读取当前人脸考勤图像。

(2) 使用 get_people_info 函数对当前图像数据库所有图像进行人脸特征向量编码，与姓名对应。

① 导入 os 库，使用 listdir 函数获得存放文件夹所有图片路径，将所有图片全路径放入 filename_list 列表中。

② 遍历 filename_list 列表，获得文件名。由于每一张图片均以姓名命名，因此使用切片功能删除.jpg 扩展名后就可得到人员姓名，并将其存入 known_face_names 列表。

③ 使用 face_recognition 库的 load_image_file 函数读取图像，并使用 face_encodings 函数对图像进行人脸特征向量编码，将编码向量存入 known_face_encodings 列表。

④ 返回人员名字信息表 known_face_names 和人脸特征编码向量表 known_face_encodings。

(3) 读取摄像头视频数据帧，对图像进行缩放，并进行 BGR 到 RGB 的转换操作。

(4) 使用 face_match 函数将当前摄像头人脸数据和保存的人脸特征数据进行对比，选择距离最小的人脸特征作为最佳的人脸匹配，并且返回匹配人员姓名；如果没有找到匹配人员，则返回 unknown。

① 使用 face_recognition. face_locations 函数获得人脸位置坐标信息 face_locations。

② 使用 face_recognition.face_encodings 函数将人脸图像编码为特征向量，并且存储在 face_encodings 列表中。

③ 遍历 face_encodings 列表，使用 face_recognition.compare_faces 函数比较待考勤人员的人脸编码向量和图像数据人脸编码向量，获得一个 matches 列表。该列表保存了人脸识别是否匹配的信息，结果信息用 True/False 表示。

④ 判断 matches 列表中是否有元素为 True。如果为 True，则在图像数据库中找到匹配人员，此时设计 face_flag = 1，用于返回是否找到匹配人员标志信息。

⑤ 返回是否匹配标志 face_flag、匹配人员姓名 face_names、匹配人脸位置 face_locations。write_rectangle_dlib 函数用于在识别出人脸的图片中绘制矩形框和标注名字。

⑥ 由于在人脸识别过程中将图像缩小为原图的 1/3，因此将捕获人脸区域位置信息进行相应比例放大，并用 cv2.rectangle 函数绘制人脸区域矩形框。

⑦ 使用 cv2.putText 函数将人脸名字信息输出在图像中。

程序代码如下：

```
#代码路径:/第 8 章/face_recognition_kaoqin.py

#!/usr/bin/env python

#-*- coding: utf-8 -*-
```

```
import cv2
import face_recognition
import os
video_capture = cv2.VideoCapture(0)
def face_match(rgb_small_frame, known_face_names, known_face_encodings):
    #进行人脸检测，得到人脸的位置信息 face_locations
    face_locations = face_recognition.face_locations(rgb_small_frame)
    #face_encodings 表示检测到人脸位置信息，face_encodings 表示对人脸进行特征编码
    face_encodings = face_recognition.face_encodings(rgb_small_frame,
                                                      face_locations)
    face_names = []
    face_flag = 0
    for face_encoding in face_encodings:
        #根据 encoding 判断是不是同一个人，是则输出 True，不是则输出 Flase
        matches = face_recognition.compare_faces(known_face_encodings,
                                                  face_encoding, tolerance=0.42)
        #阈值太低容易造成无法成功识别人脸，太高容易造成人脸识别混淆，默认阈值
        #tolerance 为 0.6
        name ="unknown"
        if True in matches:   #在数据库找到匹配人员
            first_match_index = matches.index(True)
            name = known_face_names[first_match_index]
            #如果找到匹配人员，那么就记录匹配人员名字；如果找不到匹配人员，则使用
            #默认 unknown
            face_names.append(name)
            face_flag = 1
    return face_flag, face_names, face_locations
def write_rectangle_dlib(frame, face_locations, face_names):
    for(top, right, bottom, left), name in zip(face_locations, face_names):
        top *= 3
        right *= 3
        bottom *= 3
        left *= 3
        cv2.rectangle(frame, (left, top), (right, bottom), (0, 255, 0), 3)
        text = name
        frame = cv2.putText(frame, text, (left, top - 10),
                            cv2.FONT_HERSHEY_SIMPLEX, 1, (0, 0, 255))
    return frame
#计算当前人脸数据库(photo 文件夹)所有图片，得到所有人的人脸特征向量以及人名信息
```

```
def get_people_info(known_face_names, known_face_encodings):
    filepath ='./photo'
    #得到当前文件夹所有图片列表信息
    filename_list = os.listdir(filepath)
    num_people = 0
    print("get_people_info")
    for filename in filename_list:          #依次读入列表中的内容
        if filename.endswith('jpg'):        #对文件夹图片列表中扩展名为'jpg'的文件进行匹对
            num_people += 1
            known_face_names.append(filename[:-4])   #把文件名字的后 4 位删除，获取人名
            file_str = '.\\photo\\' + filename
            a_images = face_recognition.load_image_file(file_str)
            print(file_str)
            a_face_encoding = face_recognition.face_encodings(a_images)[0]
            known_face_encodings.append(a_face_encoding)
            print(known_face_names, num_people)
    return known_face_names, known_face_encodings
known_face_names = []
known_face_encodings = []
#计算当前人脸数据库(photo 文件夹)所有图片，得到所有人的人脸特征向量以及人名信息
known_face_names, known_face_encodings = get_people_info(known_face_names,
                                                         known_face_encodings)
while True:
    #读取摄像头画面
    ret, frame = video_capture.read()
    if ret == False:
        print("播放完成")
        break
    #改变摄像头图像的大小，图像小，所做的计算就少
    print(frame.shape)
    small_frame = cv2.resize(frame, (0, 0), fx = 0.33, fy = 0.33)
    #OpenCV 的图像是 BGR 格式的，需要转成 RGB 格式
    rgb_small_frame = small_frame[:, :, ::-1]
    #根据当前人脸图像与输入的图片数据库所有人脸特征向量进行比较匹配，如果匹配就识别
    #出人脸
    face_flag, face_names, face_locations = face_match(rgb_small_frame,
                                            known_face_names, known_face_encodings)
    #在原始图上绘制矩形框，注意缩放
    frame = write_rectangle_dlib(frame, face_locations, face_names)
```

```
        print(small_frame.shape)
        #frame = small_frame
        #显示
        cv2.imshow('Video', frame)
        cv2.waitKey(30)
        #输入 q 后退出
        k = 0xFF & cv2.waitKey(30)
        if k == ord('q'):
            print("q exit")
            break
    video_capture.release()
    cv2.destroyAllWindows()
```

输出结果如图 8-3 所示。

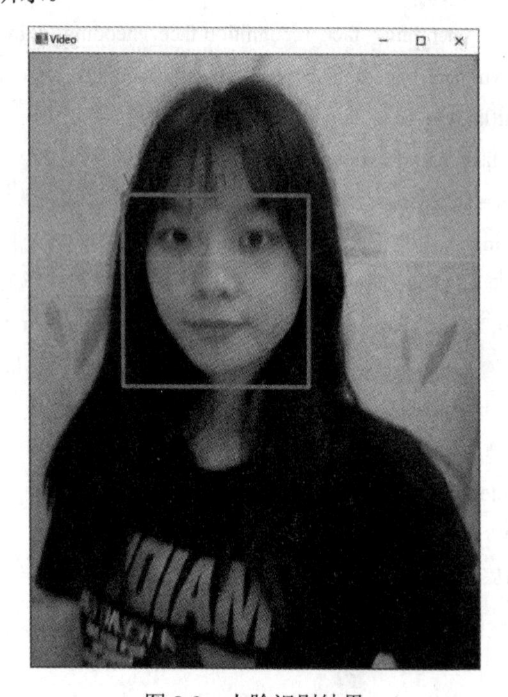

图 8-3　人脸识别结果

8.4　人脸信息录入

如果当前考勤人员不在图像数据库中，那么需要为当前待考勤人员进行注册。由于当前考勤人员在人脸图像数据库中没有相应的人脸、名字等信息，因此需要增加对应人脸照片以及名字并保存，具体实现包括如下 3 个步骤：

(1) 拍照功能：实现对当前考勤人员人脸图像的存储，通过获取当前摄像头视频数据，根据键盘按键响应触发拍照功能。截取单张人脸图像之后，将其存储在人脸图像数据库中。

(2) 名字录入：考勤人员通过键盘输入人员名字信息，OpenCV 界面响应输入信息进行记录。程序对输入的每一个按键进行组合处理，得到最终名字信息。

(3) 考勤名字信息存储：当从键盘输入得到考勤人员姓名时，需要将其存储到对应的文件中。一般情况下，使用数据库对人员信息进行存储。为降低项目难度，本项目采用.txt 文本文件进行存储。

1. 拍照功能

通过当前摄像头获取视频数据，在图像界面进行显示。使用 OpenCV 界面进行按键响应，当输入 s 时，执行拍照功能。编写相应的响应函数，将一帧数据进行保存，图像保存在 save_img 文件夹中。如果是第一次运行程序，则需要手动创建 save_img 文件夹。保存的图片以帧号命名。

程序代码如下：

```
#代码路径:/第 8 章/take_photo_keyboard.py
#!/usr/bin/env python
#-*- coding: utf-8 -*-
import cv2
video_capture = cv2.VideoCapture(0)
frame_num = 0
while True:
    #读取摄像头画面
    ret, frame = video_capture.read()
    if ret == False:
        print("播放完成")
        break
    cv2.imshow('Video', frame)
    #输入 q 后退出
    k = 0xFF & cv2.waitKey(30)
    if k == ord('q'):
        break
    elif k == ord('s'):      #进行拍照，保存图像
        print("save image")
    #以帧号 frame_num 作为文件名保存每一帧到同一文件夹中
    s_filename = "./save_img/" + str(frame_num) + ".jpg"
    cv2.imwrite(s_filename, frame)
    frame_num = frame_num + 1
video_capture.release()
cv2.destroyAllWindows()
video_capture = cv2.VideoCapture(0)
frame_num = 0
```

2. 名字录入

OpenCV 使用图像界面进行视频显示，图像界面能够捕获键盘输入。当键盘没有任何输入时，界面捕获键盘返回值 k == –1 或者 k == 255。由于名字一般由多个字母组成，而键盘每次只能输入一个字母，因此，如果要实现名字的信息输入，那么需要通过程序控制并组合每一个按键输入。实现时设置名字输入开始与结束标志，当输入 s 时，除了保存对应的拍照图像外，还将同时启动名字信息录入模式。当开始进入名字信息录入模式时，input_name_flag 被设置为 True，所有输入都将被当作名字存储在一个列表中。本项目以 Enter 键结束名字信息输入，将之前所有存储在列表中的字符号进行组合，得到最终的名字输入 input_name。在保存图片时使用输入的名字进行命名，对应的人名信息也同时存储在图像数据库中。

程序代码如下：

```
#代码路径:/第 8 章/input_name_keyboard.py
#!/usr/bin/env python
#-*- coding: utf-8 -*-
import cv2
video_capture = cv2.VideoCapture(0)
frame_num = 0
input_name_flag = False
name_command = []
while True:
    #读取摄像头画面
    ret, frame = video_capture.read()
    if ret == False:
        print("播放完成")
        break
    #改变摄像头图像的大小，图像小，所做的计算就少
    #print(frame.shape)
    #Display
    frame_num = frame_num + 1
    cv2.imshow('Video', frame)
    cv2.waitKey(30)
    #输入 q 后退出
    k = 0xFF & cv2.waitKey(30)
    #print(k)
    if k == ord('q'):
        print("q exit")
        break
```

```
        elif k == ord('s'):
            print("按 S 键")
            input_name_flag = True
        elif k == -1 or k == 255:#     //无输入
            # print(k)
            continue
        #按 Enter 键，输出列表所有字符
        elif k == 13:    #按 Enter 键，完成输入
            print("按 Enter 键，完成名字输入")
            print(name_command)
            if input_name_flag:
                #print(command)
                input_name = ""
                for v in name_command:
                    print(v)
                    input_name = input_name + v
                print(input_name)
                s_filename = "./save_img/" + input_name + ".jpg"
                cv2.imwrite(s_filename, frame)
                input_name_flag = False
                name_command.clear()
        else:
            if input_name_flag:
                s_input = chr(k)
                print("输入字符" + s_input)
                name_command.append(s_input)
    video_capture.release()
    cv2.destroyAllWindows()
```

3. 考勤名字信息存储

获得注册人员信息后，通过调用 out_record 函数将注册人员名字保存到文件信息表中。首次运行程序前，如果在对应目录下没有./photo/people_info.txt 信息文件，那么需要建立一个这样的空文件，将对应信息写入此文件中；如果在信息文件中已经存储了人员信息，则不需要重新创建，程序会读取之前存储的信息，并与新写入的信息进行合并。从文件读取出来的是字符串数据，程序中使用 eval 函数将字符串转换为列表。如果输入的注册人名与信息表中的相同，那么更新对应人名的其他信息；否则将增加新的列表记录，记录考勤人员姓名、性别、学校等信息。

程序代码如下：

```
#代码路径:/第 8 章/video_face_recognition.py
#!/usr/bin/env python
#-*- coding: utf-8 -*-
import cv2
def out_record(people_name):
    people_dict = {}
    #读取 information.txt 中的信息，该文档中的信息是在录入信息时写入的
    fr = open("./photo/people_info.txt", 'r+')
    input_str = fr.read()
    if input_str != '':
        people_dict = eval(input_str)#将从 information.txt 文件中读取的 str 转换为字符
        print(people_dict)
    people_dict[people_name] = {'年龄': '19', '性别': '男',
                                '更多信息': '广东科学技术职业学院'}#添加信息
    print(people_dict)
    fw = open("./photo/people_info.txt", 'w+')
    fw.write(str(people_dict))#把字典转换为 str
    fw.close()
```

当运行当前程序且输入名字后，将记录对应的名字信息：{'hujianhua': {'年龄': '19', '性别': '男', '更多信息': '广东科学技术职业学院'}}。

8.5　匹配图像显示

8.3 节与 8.4 节分别实现了人脸检测与人脸识别功能，当待考勤人员与图片数据库人员匹配时，需要能够显示原始图像库的人像来确认人脸识别算法的正确性。因此，本节将根据人脸识别算法的识别结果返回图像数据库匹配人员姓名，将对应姓名通过 cv2.putText 函数输出并显示到图形界面上。使用 cv2.imread 函数读取原始图像数据库中相匹配的图像，在 OpenCV 新的图像界面上显示与之匹配的原始图像。

匹配原始图像和输出文本信息的步骤如下：

(1) 读取摄像头画面，使用 cv2.resize 函数对获得的每一帧图像实现缩放。

(2) 把缩放后的图片进行图像格式转换，OpenCV 的图像处理格式为 BGR，而人脸检测过程的图像处理格式为 RGB，可以利用切片的形式进行转换。

(3) 通过 face_match 函数将图片和保存的人脸特征数据进行对比。

(4) 通过 cv2.rectangle 函数把对应的人脸位置用矩形框绘制出来，并且用 cv2.putText 函数把姓名输出到图形界面上。如果匹配成功，则显示相应人名，否则显示 unknown。

(5) 图像匹配过程中获得图像数据库中的图片路径信息，使用 show_picture 函数将匹配图像在新的图形界面中进行显示，在显示前将匹配图像缩放成固定比例 160 像素 × 160 像素。

(6) 输入 q，退出播放，同时关闭摄像头和释放窗口资源。

程序代码如下：

```
#代码路径:/第 8 章/show_src_img.py
#!/usr/bin/env python
#-*- coding: utf-8 -*-
#步骤 01  导入所需模块
import cv2
import os
import face_recognition
known_face_names = []
known_face_encodings = []
#读取当前图像数据库文件夹中的所有人脸图像，将每张图像编码成固定的特征向量，用于输入
#图像的比较
def get_people_info(known_face_names, known_face_encodings):
    filepath = './photo'
    filename_list = os.listdir(filepath)
    num_people = 0
    print("get_people_info")
    for filename in filename_list:#依次读入列表中的内容
        if filename.endswith('jpg'):#对文件夹图片列表中扩展名为'jpg'的文件进行匹配
            num_people += 1
            known_face_names.append(filename[:-4])#把文件名字的后 4 位删除，获取人名
            file_str = '.\\photo\\' + filename
            a_images = face_recognition.load_image_file(file_str)
            print(file_str)
            a_face_encoding = face_recognition.face_encodings(a_images)[0]
            known_face_encodings.append(a_face_encoding)
    print(known_face_names, num_people)
    return known_face_names, known_face_encodings
#步骤 02  编码人脸图像数据库所有人脸信息
known_face_names, known_face_encodings = get_people_info(known_face_names,
                                                          known_face_encodings)
def face_match(rgb_small_frame, known_face_names, known_face_encodings):
    #根据 encoding 判断是不是同一个人，是则输出 True，不是则输出 Flase
    face_locations = face_recognition.face_locations(rgb_small_frame)
    face_encodings = face_recognition.face_encodings(rgb_small_frame,
                                                     face_locations)

    face_names = []
    face_flag = 0
```

```
        #依次读入 rgb_small_frame 的人脸编码
        for face_encoding in face_encodings:
            #当前人脸与人脸库中的图像进行对比，并返回比对结果 matches
            matches = face_recognition.compare_faces(known_face_encodings,
                                                      face_encoding, tolerance=0.42)
            #阈值太低容易造成无法成功识别人脸，太高容易造成人脸识别混淆，默认阈值
            #tolerance 为 0.6
            name = "unknown"
            if True in matches:#在数据库中找到匹配人员
                first_match_index = matches.index(True)
                name = known_face_names[first_match_index]
            face_names.append(name)
            face_flag = 1
        return face_flag, face_names, face_locations
def write_retangle_dlib(frame, face_locations, face_names):
    for (top, right, bottom, left), name in zip(face_locations, face_names):
        top *= 3
        right *= 3
        bottom *= 3
        left *= 3
        #在图像上绘制一个简单的矩形，包括左上角(x, y)、右下角(x, y)、颜色(B, G, R)
        #线的粗细
        cv2.rectangle(frame, (left, top), (right, bottom), (0, 255, 0), 3)
        text = name
        #在图像上添加文本内容，参数包括图片、添加的文字、左上角坐标、字体、字体大小
        #颜色、字体粗细
        frame = cv2.putText(frame, text, (left, top - 10),
                            cv2.FONT_HERSHEY_SIMPLEX, 1, (0, 0, 255))
    return frame
def show_picture(set_names):    #在人脸识别的右边显示，识别并显示人的详细信息
    person1 = set_names[0]
    name_str = 'photo//' + person1 + '.jpg'
    src_img = cv2.imread(name_str)
    #设置图片大小，缩放宽、高为 160 像素
    size = (160, 160)
    #实现图像缩放，使用像素区域关系进行重采样
    src_img = cv2.resize(src_img, size, interpolation=cv2.INTER_AREA)
    return src_img
video_capture = cv2.VideoCapture(0)
```

```
while True:
    #步骤 03 读取摄像头画面
    ret, frame = video_capture.read()
    #步骤 04 将摄像头数据缩小 1/3 后，再进行人脸匹配
    small_frame = cv2.resize(frame, (0, 0), fx=0.33, fy=0.33)
    print("进行识别")
    #步骤 05 OpenCV 的图像是 BGR 格式的，需要转成 RGB 格式
    rgb_small_frame = small_frame[:, :, ::-1]
    #步骤 06 输入当前画面的 RGB 图像，与人脸图像数据库特征维度进行比较
    face_flag, face_names, face_locations = face_match(rgb_small_frame,
                                            known_face_names, known_face_encodings)
    #步骤 07 如果在人脸图像数据库找到匹配人脸
    if face_flag:
        last_name = face_names[0]
        set_name = set(face_names)
        #tuple 实现将列表转换为元组，得到人名列表
        set_names = tuple(set_name)
        print("识别出人脸是 = " + str(set_names))
        #步骤 08 将人名与对应的人脸位置矩阵框绘制在输入图像上
        write_retangle_dlib(frame, face_locations, face_names)
        #步骤 09 根据文件名读入原始图像数据
        src_img = show_picture(set_names)
        #步骤 10 在窗口中显示原始图像
        cv2.imshow('small_win', src_img)
    else:
        set_names = "unknown"
    if ret == False:
        print("播放完成")
        break
    #改变摄像头图像的大小，图像小，所做的计算就少
    print(frame.shape)
    #Display
    cv2.imshow('Video', frame)
    cv2.waitKey(30)
    #输入 q 后退出
    if cv2.waitKey(1) & 0xFF == ord('q'):
        break
video_capture.release()
cv2.destroyAllWindows()
```

输出结果如图 8-4 所示。

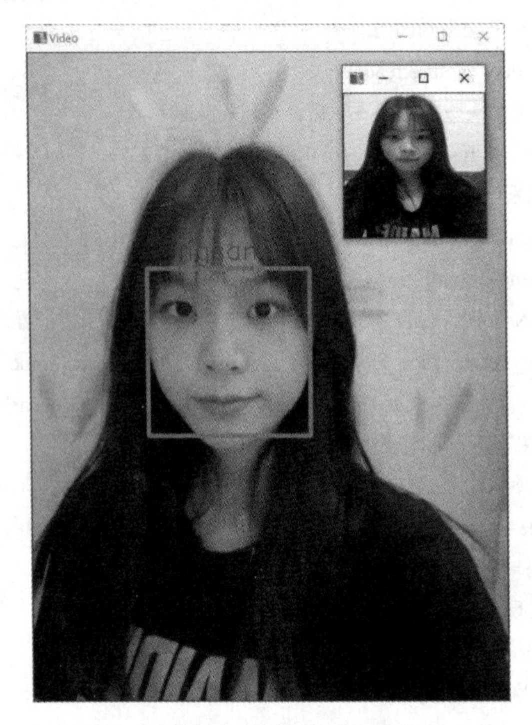

图 8-4　显示匹配图像

8.6　图像拼接展示

8.5 节已经实现了匹配图像显示，其使用了一个新的窗口进行显示。因为需要同时观看两个窗口，这种方法对用户来说不太友好，所以尝试将当前视频中人脸图像与原始图像库中的匹配图像显示在同一个界面上。本项目中采用的方法是将原始图像库中的人脸粘贴到当前视频人脸图像中。为了更好地理解，本程序采用分步设计方式：首先使用 PIL 函数对独立的两张图像进行粘贴拼接，然后将图像拼接方法应用在视频粘贴拼接过程中，最后集成在人脸识别功能程序中。

1. 粘贴拼接两张图像

程序代码如下：

```
#代码路径:/第 8 章/PIL_paste.py
#!/usr/bin/env python
#-*- coding: utf-8 -*-
#步骤 01  导入所需模块
from PIL import Image
import cv2
import numpy as np
#步骤 02  同时读入两张图像
```

```
cv_im1 = cv2.imread("./photo/unknown.jpg")
cv_im2 = cv2.imread("./photo/yangmi.jpg")
#步骤 03 将准备粘贴到上面的图像缩小到 160 像素 × 160 像素
size =(160, 160)
cv_im1 = cv2.resize(cv_im1, size, interpolation=cv2.INTER_AREA)
#步骤 04 将 OpenCV 读取的 BGR 图像转为 RGB 图像，再转为 PIL 格式图像
im1 = Image.fromarray(cv2.cvtColor(cv_im1, cv2.COLOR_BGR2RGB))
im2 = Image.fromarray(cv2.cvtColor(cv_im2, cv2.COLOR_BGR2RGB))
#步骤 05 将小图粘贴到下面图像的左上角
#paste 函数的参数为(需要修改的图片，粘贴的起始点的横坐标，粘贴的起始点的纵坐标)
im2.paste(im1, (0, 0))
#粘贴的图片的左上角和右下角坐标
#im2.paste(im1,(300,300,800,800))
#步骤 06 将粘贴后的 RGB 图像转为 BGR 图像
img = cv2.cvtColor(np.asarray(im2), cv2.COLOR_RGB2BGR)
#步骤 07 显示粘贴拼接后的图像
cv2.imshow("OpenCV", img)
cv2.waitKey()
```

输出结果如图 8-5 所示。

图 8-5　图像拼接粘贴

2. 拼接视频中的图像

下面将图像拼接程序集成在人脸识别程序中。通过人脸识别得到考勤人员在原始图像

数据库的匹配图像，将匹配图像与当前摄像头读入的视频进行拼接粘贴。匹配图像一般较大，如果直接粘贴，会遮挡当前视频图像，因此在进行拼接前，将原始图像库图像缩小到160 像素 × 160 像素，将其粘贴在当前人脸图像的右上角位置。

程序代码如下：

```
#代码路径:/第 8 章/image_stitch.py
#!/usr/bin/env python
#-*- coding: utf-8 -*-
import cv2
import os
import face_recognition
from PIL import Image
import numpy as np
known_face_names =[]
known_face_encodings =[]
def get_people_info(known_face_names, known_face_encodings):
    filepath = './photo'
    filename_list = os.listdir(filepath)
    num_people = 0
    print("get_people_info")
    for filename in filename_list:                  #依次读入列表中的内容
        if filename.endswith('jpg'):                #扩展名'jpg'匹配
            num_people += 1
            known_face_names.append(filename[:-4])  #把文件名字的后 4 位删除，获取人名
            file_str = '.\\photo\\' + filename
            a_images = face_recognition.load_image_file(file_str)
            print(file_str)
            a_face_encoding = face_recognition.face_encodings(a_images)[0]
            known_face_encodings.append(a_face_encoding)
    print(known_face_names, num_people)
    return known_face_names, known_face_encodings
known_face_names, known_face_encodings = get_people_info(known_face_names,
                                                          known_face_encodings)
def face_match(rgb_small_frame, known_face_names, known_face_encodings):
    #根据 encoding 判断是不是同一个人，是则输出 True，不是则输出 Flase
    face_locations = face_recognition.face_locations(rgb_small_frame)
    face_encodings = face_recognition.face_encodings(rgb_small_frame, face_locations)
    face_names = []
    face_flag = 0
    for face_encoding in face_encodings:
```

```
            matches = face_recognition.compare_faces(known_face_encodings,
                                                     face_encoding, tolerance=0.42)
            #阈值太低容易造成无法成功识别人脸，太高容易造成人脸识别混淆，默认阈值 tolerance
            #为 0.6
            name = "unknown"
            if True in matches:#在数据库找到匹配人员
                first_match_index = matches.index(True)
                name = known_face_names[first_match_index]
            face_names.append(name)
            face_flag = 1
        return face_flag, face_names, face_locations
def write_retangle_dlib(frame, face_locations, face_names):
    for (top, right, bottom, left), name in zip(face_locations, face_names):
        top *= 3
        right *= 3
        bottom *= 3
        left *= 3
        cv2.rectangle(frame, (left, top), (right, bottom), (0, 255, 0), 3)
        text = name
        frame = cv2.putText(frame, text, (left, top - 10),
                            cv2.FONT_HERSHEY_SIMPLEX, 1, (0, 0, 255))
        return frame
def show_picture(set_names):#实现读取人脸图像
    person1 = set_names[0]
    name_str = 'photo//' + person1 + '.jpg'
    src_img = cv2.imread(name_str)
    size = (160, 160)
    src_img = cv2.resize(src_img, size, interpolation=cv2.INTER_AREA)
    return src_img
def stitch_img(small_img, input_img):
    h, w, c = input_img.shape
    size = (160, 160)
    small_img = cv2.resize(small_img, size, interpolation=cv2.INTER_AREA)
    im1 = Image.fromarray(cv2.cvtColor(small_img, cv2.COLOR_BGR2RGB))
    im2 = Image.fromarray(cv2.cvtColor(input_img, cv2.COLOR_BGR2RGB))
    #paste 函数的参数为(需要修改的图片，粘贴的起始点的横坐标，粘贴的起始点的纵坐标)
    left = w - 160
    top = 0
```

```
        im2.paste(im1, (left, top))
        #粘贴的图片的左上角和右下角坐标
        #im2.paste(im1,(300,300,800,800))
        img = cv2.cvtColor(np.asarray(im2), cv2.COLOR_RGB2BGR)
        return img
    video_capture = cv2.VideoCapture(0)
    while True:
        #读取摄像头画面
        ret, frame = video_capture.read()
        small_frame = cv2.resize(frame, (0, 0), fx=0.33, fy=0.33)
        print("进行识别")
        #OpenCV 的图像是 BGR 格式的，需要转成 RGB 格式
        rgb_small_frame = small_frame[:, :, ::-1]
        face_flag, face_names, face_locations = face_match(rgb_small_frame,
                                                 known_face_names, known_face_encodings)
        if face_flag:
            last_name = face_names[0]
            set_name = set(face_names)
            set_names = tuple(set_name)
            print("识别出人脸是  =" + str(set_names))
        if ret == False:
            print("播放完成")
            break
        write_retangle_dlib(frame, face_locations, face_names)
        if face_flag:
            src_img = show_picture(set_names)
            frame = stitch_img(src_img, frame)
        #改变摄像头图像的大小，图像小，所做的计算就少
        print(frame.shape)
        #Display
        cv2.imshow('Video', frame)
        cv2.waitKey(30)
        #输入 q 后退出
        if cv2.waitKey(1) & 0xFF == ord('q'):
            break
    video_capture.release()
    cv2.destroyAllWindows()
```

输出结果如图 8-6 所示。

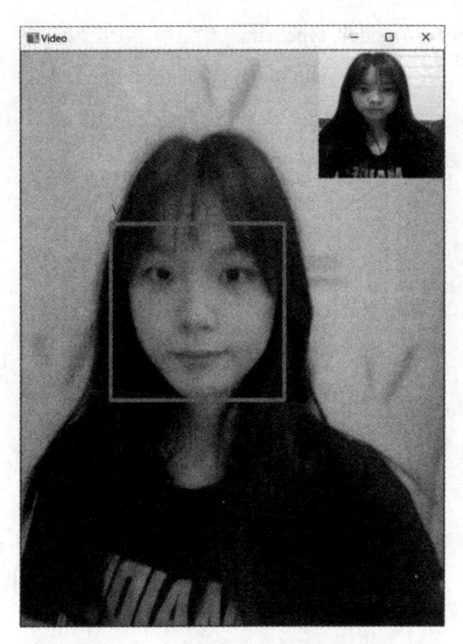

图 8-6　在视频中显示匹配图像

8.7　口罩检测

第 7 章已经实现了口罩检测模型训练，因此本节直接调用 YOLO v3 的口罩检测模型进行口罩检测。通过 cv2.VideoCapture(0)实时读取摄像头数据，口罩检测程序输出实时检测是否戴口罩信息，并且在视频中使用矩形框实时框出对应的口罩位置或者人脸位置。

程序代码如下：

```
#代码路径:/第 8 章/wear_detect.py
#!/usr/bin/env python
#-*- coding: utf-8 -*-
#步骤 01  导入所需模板
from predict_wear.yolo import YOLO
from PIL import Image
import numpy as np
import cv2
def define_yolo():
    import argparse
    #class YOLO defines the default value, so suppress any default here
    parser = argparse.ArgumentParser(argument_default=argparse.SUPPRESS)
    '''
    Command line options
    '''
```

```
    parser.add_argument('--model', type=str,
                        help='path to model weight file, default ' +
                        YOLO.get_defaults("model_path"))
    parser.add_argument('--anchors', type=str,
                        help='path to anchor definitions, default ' +
                        YOLO.get_defaults("anchors_path"))
    parser.add_argument('--classes', type=str,
                        help='path to class definitions, default ' +
                        YOLO.get_defaults("classes_path"))
    parser.add_argument('--gpu_num', type=int,
                        help='Number of GPU to use, default ' +
                        str(YOLO.get_defaults("gpu_num")))
    parser.add_argument('--image', default=False, action="store_true",
                      help='Image detection mode, will ignore all positional arguments')
    '''
    Command line positional arguments -- for video detection mode
    '''
    parser.add_argument("--input", nargs='?', type=str, required=False,
                        default='./path2your_video', help="Video input path")
    parser.add_argument("--output", nargs='?', type=str,
                        default="", help="[Optional] Video output path")
    FLAGS = parser.parse_args()
    FLAGS.model_path = "./predict_wear/logs/trained_weights_final.h5"
    FLAGS.anchors_path = "./predict_wear/model_data/yolo_anchors.txt"
    FLAGS.classes_path = "./predict_wear/model_data/voc_classes.txt"
    m_yolo = YOLO(**vars(FLAGS))
    return m_yolo
def wear_detect_call():#展示人脸检测功能
    cap = cv2.VideoCapture(0)
    num = 0
    #步骤 02 定义 YOLO 模型对象，并且读入训练好的模型
    m_yolo = define_yolo()
    curr_fps = 0
    while True:
        #步骤 03 读入摄像头画面
        return_value, frame = cap.read()
        #步骤 04 缩放到 960 像素 × 540 像素
        image = cv2.resize(frame, (960, 540))
        #步骤 05 转为 PIL 格式数据
```

```
            image = Image.fromarray(image)
            #步骤06  检测图像中的口罩类型。如果检测到口罩，则框出口罩位置画框
            image, detect_object_num, detect_object_list, \
            detect_object_box = m_yolo.detect_image(image)
            #步骤07  将PIL数据转为NumPy数据
            result = np.asarray(image)
            #步骤08  显示检测后的图像
            cv2.namedWindow("result", cv2.WINDOW_NORMAL)
            cv2.imshow("result", result)
            if cv2.waitKey(1) & 0xFF == ord('q'):
                break
        m_yolo.close_session()
    wear_detect_call()
```

输出结果如图8-7所示。

图8-7　口罩检测结果

8.8　语音播报

在人脸考勤系统中，可以通过语音提醒功能实现更多的系统体验感，如“欢迎××同学的到来”“你已签到成功”等。要在Python程序中实现文字转语音功能，可以调用系统语音模块win32com.client. Dispatch("SAPI.SpVoice")。该模块实际调用的是Windows中的文字转语音功能，因此只需要输入相应的文字信息，就可以实现语音的直接输出：

```
import win32com.client as win
speak = win.Dispatch("SAPI.SpVoice")
speak.Speak(“你要说的文字信息”)
```

通过以上代码，即可将输入的文字信息转换为对应的语音信息输出。本系统通过口罩检测程序识别出待考勤人员戴口罩时，将通过文字转语音功能输出语音信息“请摘下口罩”。

同时，也可以使用这种方法给出一些考勤提示与互动信息，如“欢迎××同学的到来”。

程序代码如下：

```
#代码路径:/第 8 章/voice_remind.py
#!/usr/bin/env python
#-*- coding: utf-8 -*-
import win32com.client as win
from predict_wear.yolo import YOLO
from PIL import Image
import cv2
import numpy as np
def voice_str_announce(voice_str):
    speak = win.Dispatch("SAPI.SpVoice")
    speak.Speak(voice_str)
def wear_deal(detect_object_num, detect_object_list):
    end_flag = 0
    if detect_object_num > 0:
        type_c = detect_object_list[0]
    if type_c == 1:
        print("请摘下口罩")
        voice_str_announce("请摘下口罩")
        end_flag = 0
    else:
        end_flag = 1
    return end_flag
def define_yolo():
    import argparse
    #class YOLO defines the default value, so suppress any default here
    parser = argparse.ArgumentParser(argument_default=argparse.SUPPRESS)
    '''
    Command line options
    '''
    parser.add_argument('--model', type=str,
                        help='path to model weight file, default ' +
                        YOLO.get_defaults("model_path"))
    parser.add_argument('--anchors', type=str,
                        help='path to anchor definitions, default ' +
                        YOLO.get_defaults("anchors_path"))
    parser.add_argument('--classes', type=str,
                        help='path to class definitions, default ' +
```

```
                                    YOLO.get_defaults("classes_path"))
    parser.add_argument('--gpu_num', type=int,
                                    help='Number of GPU to use, default ' +
                                    str(YOLO.get_defaults("gpu_num")))
    parser.add_argument('--image', default=False, action="store_true",
                                help='Image detection mode, will ignore all pOSitional arguments')
    '''
    Command line positional arguments -- for video detection mode
    '''
    parser.add_argument("--input", nargs='?', type=str, required=False,
                                    default='./path2your_video', help="Video input path")
    parser.add_argument("--output", nargs='?', type=str,
                                    default="", help="[Optional] Video output path")
    FLAGS = parser.parse_args()
    FLAGS.model_path = "./predict_wear/logs/trained_weights_final.h5"
    FLAGS.anchors_path = "./predict_wear/model_data/yolo_anchors.txt"
    FLAGS.classes_path = "./predict_wear/model_data/voc_classes.txt"
    m_yolo = YOLO(**vars(FLAGS))
    return m_yolo
def wear_detect_call():#展示人脸检测功能
    cap = cv2.VideoCapture(0)
    num = 0
#定义 YOLO 模型对象，并且读入训练好的模型
    m_yolo = define_yolo()
    curr_fps = 0
    while True:
        return_value, frame = cap.read()
        image = cv2.resize(frame, (960, 540))
        image = Image.fromarray(image)
        image, detect_object_num, detect_object_list, \
        detect_object_box = m_yolo.detect_image(image)
        result = np.asarray(image)
        cv2.namedWindow("result", cv2.WINDOW_NORMAL)
        cv2.imshow("result", result)
        if cv2.waitKey(1) & 0xFF == ord('q'):
            break
    m_yolo.clOSe_session()
wear_detect_call()
```

参 考 文 献

[1] 龙良曲. TensorFlow 深度学习[M]. 北京：清华大学出版社，2020.
[2] 林大贵. TensorFlow+Keras 深度学习人工智能实践应用[M]. 北京：清华大学出版社，2018.
[3] 何之源. 21 个项目玩转深度学习[M]. 北京：电子工业出版社，2018.
[4] 李嘉璇. TensorFlow 技术解析与实战[M]. 北京：人民邮电出版社，2017.
[5] 杨忠明. 人工智能应用导论[M]. 西安：西安电子科技出版社，2019.